给 孩 子 的 博 物 文 化 课

中华服饰有多美

后晓荣 主编

王子煜 编著

中国纺织出版社有限公司

图书在版编目（CIP）数据

给孩子的博物文化课.中华服饰有多美/后晓荣主编；王子煜编著.-- 北京：中国纺织出版社有限公司，2020.5

ISBN 978-7-5180-7211-8

Ⅰ.①给… Ⅱ.①后…②王… Ⅲ.①中华文化—青少年读物②服饰文化—中国—青少年读物 Ⅳ.①K203-49②TS941.12-49

中国版本图书馆CIP数据核字(2020)第038293号

责任编辑：李凤琴　　责任校对：寇晨晨　　责任印制：储志伟

中国纺织出版社有限公司出版发行
地址：北京市朝阳区百子湾东里A407号楼　邮政编码：100124
销售电话：010—67004322　传真：010—87155801
http://www.c-textilep.com
官方微博http://weibo.com/2119887771
北京通天印刷有限责任公司印刷　各地新华书店经销
2020年5月第1版第1次印刷
开本：710×1000　1/16　印张：8.5
字数：120千字　定价：32.80元

凡购本书，如有缺页、倒页、脱页，由本社图书营销中心调换

序言

文物是什么
——写给小朋友们博物之旅的话

文物是什么？不同的理解有不同的答案。

文物作为人类在社会活动中遗留下来的具有历史、艺术、科学价值的遗物和遗迹，是人类宝贵的历史文化遗产。文物是指这些古人遗留至今的具体物质遗存，其基本特征是：第一，必须是由人类创造的，或者是与人类活动有关的；第二，必须是已经成为历史的，不可能再重新创造的。

文物是历史的通道

文物是历史的通道，让我们可以顺利抵达历史记忆的深处，更是我们了解人类社会发展的轨迹。每一件文物，都镌刻着中国文化的深沉记忆，都蕴藏着中华民族的灵魂密码，是国家的"金色名片"。从半坡彩陶到二里头青铜器，我们知道了中国先民跨越了野蛮，发展到文明；从秦始皇陵到武昌城墙上的第一声炮声，我们知道了帝制的终结到民主的开始。

文物是文明的勋章

每一件文物都是一枚闪闪的文明勋章，它彰显着人类在漫长历史发展过程中所迸发出的非凡智慧，显示出古人与自然和谐共处的创造力量。我们从长信宫灯看到了智慧之光；从记里鼓车看到了速度的追求，从神火飞鸦看到了征服太空的梦想。博物馆中的每一件文物都展示着一个故事，一个穿越时空，将过去与现在联结在一起的故事。今天作为勋章的文物就是在传承历史，就是在承载中华民族精神的物质根本。

文物是前行的灯塔

珍藏在博物馆中的每一件文物还是前行的灯塔，照亮着今人走向未来的路。例如虎门炮台在时刻警示着那段欺辱的历史，前事不忘,后事之师；国家博物院珍藏的秦代大铁权则体现着公平交易，统一规则；敦煌莫高窟中的张骞出使西域壁画则体现了百折不挠的家国责任。击鼓说唱陶俑在手舞足蹈中传达了乐观、通达的生命之美。文物中的历史、生命、责任、规则等理念无处不在，同时也在照亮我们前行的路，即"以古人之规矩，开自己之生面"。

文物是历史的通道，让我们有了记忆之感；文物是文明的勋章，让我们有了传承之责；文物是前行的灯塔，让我们有了创新之源。每一件文物都有一个故事，都是一个"阿里巴巴"宝藏。听懂故事的真谛，探寻宝藏的秘密是每一位小朋友的天性。期待小朋友们用眼睛去观察，用大脑去思考，用心去领会文物之美，美的文物。同时更期待这套博物文化丛书将从书画、钱币、人的进化、服饰、交通、民俗、科技等主题为小朋友打开一个个"阿里巴巴"的大门，从而让更多小朋友了解历史文化、了解中华文明，最终爱上博物馆，爱上历史。

后晓荣

2019年10月

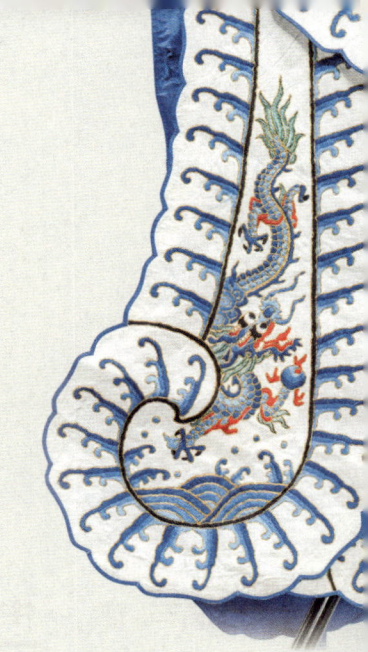

目　录

第一章　揭开服饰的神秘面纱

    1. 远古服饰　　002

    2. 夏商周服饰　　006

    3. 秦汉服饰　　010

    4. 魏晋南北朝服饰　　012

    5. 隋唐服饰　　016

    6. 五代、宋代服饰　　019

    7. 元代服饰　　023

    8. 明代服饰　　025

    9. 清代服饰　　029

    10. 近现代服饰　　034

第二章　各时期服饰风格千变万化

    1. 汉式服饰的形制发展　　038

    2. 异族风情的碰撞交融　　051

第三章　中国服饰的用料与色彩

第四章　特殊的服饰

1. 古代的军人穿什么？　082
2. 古代的贵族穿什么？　086
3. 古代官员穿什么？　096
4. 古代小孩穿什么？　105
5. 少数民族穿什么？　120

参考文献　129

第一章
揭开服饰的神秘面纱

在如江河一般源远流长的中华文化中，人们的衣着服饰也是一朵精彩而富有内涵的浪花。中国服饰的发展演变是否有传承？我们祖先的衣着服饰又是如何随着时代的不同而发展变化的？让我们穿越时空，一起来探索。

1. 远古服饰

当我们打开任何一本古代通史，首先映入眼帘的似乎都是如下的场景：一群腰围兽皮短裙、披头散发甚至赤裸上身的先民，或围坐篝火，或狩猎动物。似乎在所谓"蒙昧时代"，我们的祖先都是以这样的妆容度过每一天。其实这是有失偏颇的。环境的变化推动了人类原始的生活方式的改变，而衣着服饰作为这一改变的产物也随之产生。

最早的服饰产生的原因很多。首先，应对环境变化，衣服可以作为人类的第二层皮肤，帮助抵御寒暑风霜。其次，服饰在狩猎时可以作为一种有效的"保护色"或"伪装"，很好地迷惑猎物。总之，在初始阶段，服饰的实用性应当是最为古人看重的。历史继续发展，审美观念和羞恶之心随着人类心智的不断健全而发生，人类对于服饰的关注就有另一个倾向，即装饰性，服饰已经不只是用来遮羞的物品，也是用来装饰身体，体现审美，甚至招徕异性的最佳手段。

人类何时开始穿衣佩饰，目前仍然不能得到确切的时间数据，一些古代典籍记载了关于始作衣服的传说。据《淮南子·氾论训》记载，传说一位名叫伯余的古人最初发明了衣服，他是黄帝的大臣，他用麻搓成线头，手工编织，用织渔网的方法制成了布。但是我们已经发现可靠的证据，早在旧石器时代晚期，人类就已经开始有意识地装饰自己了。例如著名的北京周口店山顶洞人，就已经在颈部佩戴由

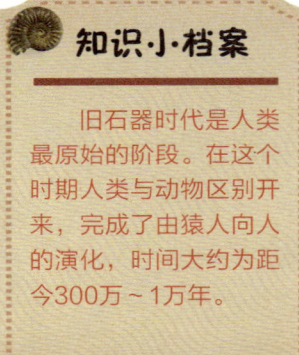

知识小档案

旧石器时代是人类最原始的阶段。在这个时期人类与动物区别开来，完成了由猿人向人的演化，时间大约为距今300万~1万年。

贝壳、石珠串连的项链了（图1-1-1），并且用骨磨制成针，缝制衣物。此时距今2万~4万年前。

考古发现的一系列文物，证明了新石器时代衣物的多样。青海

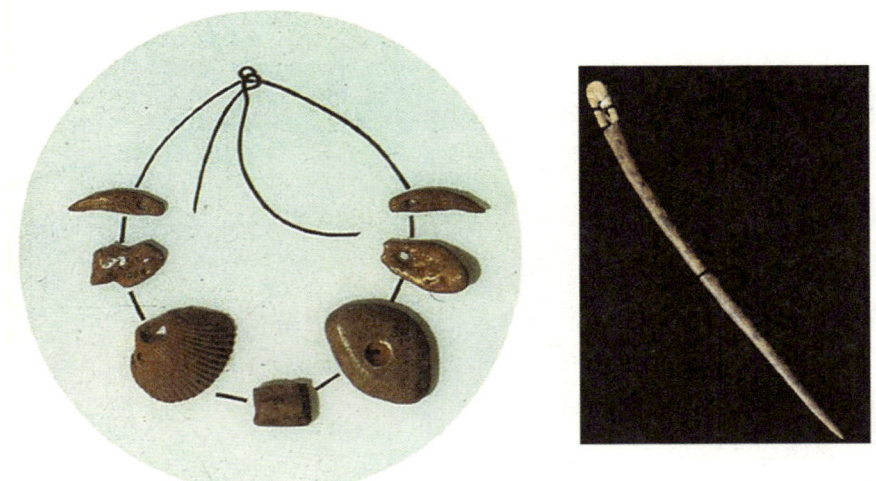

图1-1-1 山顶洞人的项链和骨针 中国国家博物馆藏

大通发现的马家窑文化的一件陶盆内口沿，绘制了几组一排五人手牵手舞蹈的场景，这五人头扎发辫，上衣的下摆随着舞蹈动势飘扬（图1-1-2）。甘肃秦安发现的马家窑文化的大型房址地面绘有一幅地画，其中两个做舞蹈动作的人物同样穿着有长下摆的衣物。这些现象显示，当时的人们已经开始在特殊的场合穿着礼服。

图1-1-2 马家窑文化彩陶盆上的舞蹈图 中国国家博物馆藏

其他衣饰在这一时期也有了很大的发展。鞋履 [履，读lǚ，古代的鞋。] 在这个时期也为人们所熟悉和应用。甘肃玉门火烧沟出土了一件陶质人像，显然穿有一件靴状的鞋（图1-1-3）。一些宽松的衣物上也开始束带，在内蒙古阴山地区发现的岩画的人物形象体现了这一点。这一时期冠帽可能也开始出现。据《尚书大传》记载，周成王对古人的衣冠很好奇，询问叔叔周公："三皇五帝中舜戴的帽子是什么样的？"周公回答："那个时候有一种帽子，是用皮缝的，帽边还向上翘。"

知识·小档案

新石器时代在我国约为距今10000~4000年，在旧石器时代与夏朝之间。在这个阶段，人们的体质已经与今天的人基本没有差别。

新石器时代中晚期，中华大地已进入王国时代的前夜。《易经》记载："黄帝尧舜垂衣裳而天下治。"学者们将史书中五帝时代与考古发现中的龙山时代相对应。这一时期，可能原始的礼制已经臻 [臻，读zhēn，接近的意思。] 于成熟，等级制度也基本建立起来。氏族酋邦的首领已经开始重视治下人们的衣着服饰，不同身份的人，开始以衣装区分其等级贵贱了。以墓葬中的发现为例，由于材质的限制，我们难以见到这个时期人们衣物的实物，然而墓主身上的饰物往往保存下来。例如浙江良渚文化发现的墓葬（图1-1-4），生前等级较高的墓主，下葬时身上佩戴大量的玉饰，考古学家称之为"玉殓 [殓，读liàn，指随死者下葬的衣服和首饰。] 葬"，而更多的平民墓葬可能只有少数佩饰，甚至没有佩饰。人与人之间平等的关系在这一时期已经被打破，一部分人站在权力的高层，而大部分人则不能拥有荣耀和富贵，至死也只能一身寒素。

图1-1-3 穿靴陶人像 甘肃玉门火烧沟出土

图1-1-4 良渚文化的玉殓葬现象 浙江余杭出土

2. 夏商周服饰

从夏朝开始，我国正式进入王权社会，然而令人遗憾的是，我们至今未能发现一件确定属于夏朝的文物或遗址。相比之下，商周时期文物考古，就显得较为清晰。

商代的服饰工艺继续发展。这一时期丝织手工业比较发达。商代前期的文字资料不多，但商代的男子流行辫发和剪发，商代妇好墓出土的一件玉人，其发型就是前额和两侧发长齐耳，像今天的"锅盖头"，然后脑后留一小辫，而另一件孔雀石质玉人则在后脑也束有盘起的发髻（图1-2-1）。商代妇女多头盘髻髻：读jì，指将头发在头顶或脑后盘成各种形状。，髻上插有簪笄簪笄，读zān jī，用来固定头发的首饰，通常呈棒状，一头有各种装饰。。目前商代妇女的簪笄多用牛骨磨制而成，笄头采用透雕、线刻等技法雕刻出精细的兽面纹、凤鸟纹等，使笄头显得十分精美。另外，还发现有玉质、蚌质的笄，工

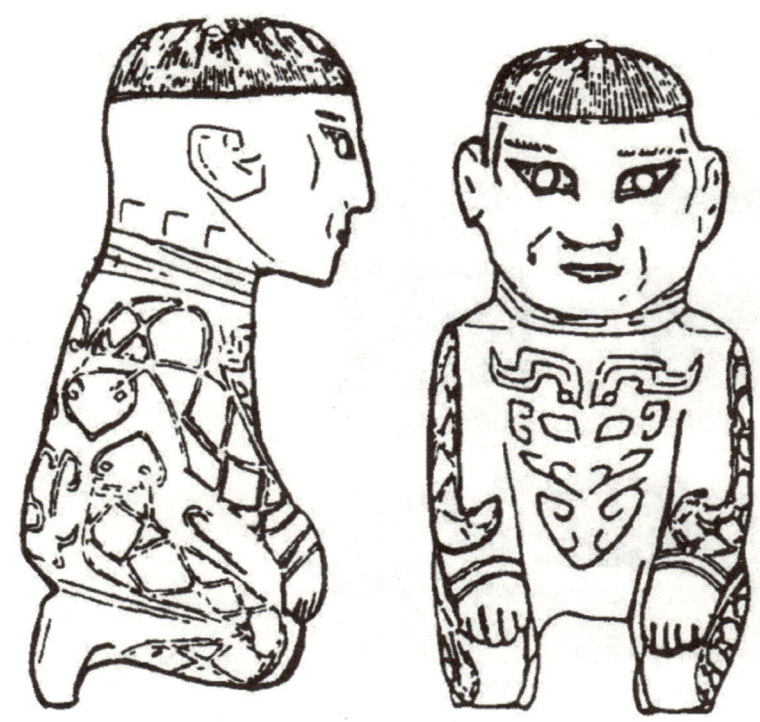

图1-2-1　商代玉人　殷墟妇好墓出土

艺技法与骨笄相似。妇好，是商王武丁的妻子，同时也是一位威武的女将军。武丁时期，商代周边许多少数民族不断侵扰，作为商王的妻子，妇好不仅相夫教子，还亲自代武丁出征，并取得过几次胜利。武丁也非常关爱这位妻子。在一些出土的甲骨文上，武丁曾经关切地为妇好祈福，并询问上天妇好出征是否可以平安归来。1976年，在河南安阳殷墟发现了妇好的墓葬（图1-2-2），墓葬中出土了非常丰富的文物，体现了妇好的重要地位，其中不仅有精美的首饰、玉器、祭祀礼器，引人注目的还有两把战斧，分别重达8.5公斤和9公斤。这也证实了史书记载，妇好确实是巾帼不让须眉的女将。

周代分为西周和东周，这一时期是我国传统文化、思想等方面的重要形成期。一方面，周王朝实际或名义控制的区域更加广阔，作为国家的主流文化，周文化较商文化传播影响的地域更加广泛，这就是

图1-2-2 妇好墓前的妇好像

所谓"溥[溥,读pǔ,这里指普遍。]天之下,莫非王土"思想的体现;而另一方面,各地区的地域文化又各具特色,形成了丰富多彩的局面。首先,周代尊崇礼制,因此形成了一套繁缛的衣冠制度。从周王到平民,不同社会等级的服色、服制开始有了明确的规定,其中包括冠冕[冕,读miǎn,古代的一种用于正式场合的帽子。]、衣裳、鞋履、组玉佩饰等详尽的等级规定,这也为后世历朝历代对于冠服制度的严格控制提供了先例。

从两周时期的文学作品中,我们也可以认识到这一时期女性的形象。《诗经》中的一些诗歌,主要描写了当时中原地区的女性:如《国风·卫风·硕人》:"手如柔荑,肤如凝脂,领如蝤蛴,齿如瓠犀,螓首蛾眉,巧笑倩兮,美目盼兮",描写的是齐侯之女、

[荑,读yí,一种美观的草。
蝤蛴,读qiú qí,指金龟子等昆虫的幼虫,颜色呈白色,身上有皱纹,这里用来形容衣服的领子折叠美观。
瓠,读hù,瓠犀就是葫芦瓜子儿,这里指女子的牙齿像剖开的葫芦瓜,洁白整齐。
螓,读qín,一种小虫,头部宽正。
蛾,读é,即飞蛾,触角细长弯曲。
掬,读jū。]

卫侯之妻,称她皮肤细腻,衣装华丽,明眸皓齿,笑容可掬。《国风·郑风·有女同车》:"有女同车,颜如舜华。将翱将翔,佩玉琼琚。彼美孟姜,洵美且都。有女同行,颜如舜英。将翱将翔,佩玉将将。彼美孟姜,德音不忘",描写的是郑国一位姜姓的年轻女子,容貌姣好如木槿花开放,音容典雅,身上玉佩轻轻碰撞,声音

[翱,读áo,翱翔就是飞翔的意思。
琼琚,读qióng jū,指好看的玉。
洵,读xún,指确实。
槿,读jǐn。]

悦耳。《国风·鄘风·君子偕老》:"君子偕老,副笄六珈。委委佗佗,如山如河。象服是宜……玼兮玼兮,其之翟也。鬒发如云,不屑髢也。玉之瑱也,象之揥也……瑳兮瑳兮,其之展也,蒙彼绉絺,是绁袢也",描写的是卫宣公的妻子,身着翟纹礼服,佩戴成组玉器,鬒发如云,插有象牙簪钗,宛如仙女下凡。而《楚辞》中的一些诗歌,则更表现了南方楚地女子的姿态:《九歌·少司命》:"荷衣兮蕙带,儵而来兮忽而逝"。《九歌·云中君》:"浴兰汤兮沐芳,华采衣兮若英;灵连蜷兮既留,烂昭昭兮未央",则表现出与中原地区女子端庄稳重形象不同的另一种飘逸灵动的美。

> 珈,读jiā,指玉簪。
> 玼兮,读cī xǐ。
> 翟,读dí,指雉鸡,一种尾巴好看的野鸟。
> 鬒,读zhěn,乌黑的头发。
> 髢,读dí。
> 瑱,读tiàn。
> 揥,读tì,指发簪。
> 瑳,读cuō,指人身上佩戴的玉色泽美丽。
> 绉絺,读zhòu chī,织得非常细的布。
> 绁袢,读xiè pàn,古人穿着的白色的内衣。

> 蕙,读huì,一种开花的草。
> 儵,读shū,忽然的意思。
> 蜷,读quán,指身体弯曲。

知识小档案

春秋时期,卫国的君子卫宣公十分荒淫,他的妻子宣姜,本来应该许配给他的儿子,但他贪图宣姜的美貌,便将她霸占。《君子偕老》实际上是一首讽刺诗,诗人描写宣姜的美貌,暗讽卫宣公贪图美色。

知识小档案

少司命和云中君都是春秋战国时期楚国传说中的仙女。《九歌》是楚国伟大的诗人、政治家屈原的作品。屈原被小人陷害,受到排挤,郁郁不得志,被流放到边远地区,写作《九歌》等作品,表面上是写仙女的美丽,其实也是表达自己高洁的品行。后来,楚国首都被秦国攻破,屈原听说后跳江殉国。后人为了纪念屈原,便在五月初五设端午节,怀念屈原。

3. 秦汉服饰

秦汉流行的常服仍为深衣式的袍服。这一时期的内衣有衫、裲裆等，衫也是交领式，裲裆则形制类似今天的背心，前后两片，肩部用带连接。而一般的劳动者常穿短衣满裆裤，满裆裤有裤腿较短略呈三角形的，时称"犊鼻裈（裈，读kūn，古代的短裤）"。传说汉代文学家司马相如曾在成都"当垆（垆，读lú，指卖酒的小店）卖酒"，便穿着这种短裤，与杂役们共同劳作。

> 裲，读liǎng，裲裆，有点像现代的背心。

秦汉时期的女子就已经流行以黛（黛，读dài，指古代女子用来描眉的黑色石头）石画眉，面敷白色铅粉，双耳佩戴耳珰（珰，读dāng，耳珰就是耳环的意思）了。《事物纪原》载，西汉汉武帝和东汉汉明帝都曾令宫人描"八字眉"。秦汉妇女头发多梳成髻。秦汉时期，人们认为女性头发浓密乌黑是美的，《后汉书·皇后纪》载，汉明帝的皇后马氏，头发十分浓密美观，可以编成四个大发髻，而且编成之后还有剩余的头发。一些妇女为了使发髻看起来更加美观，还佩戴义髻，即假发盘成的发髻。汉代女性主要的发髻形式为椎髻（椎髻，读zhuī jì，椎就是木棒，有点像现在的擀面杖），髻在脑后梳成椎状，自然下垂。还有一种流行于东汉时期的堕（堕，读duò，下垂的意思）髻，也是在脑后自然下垂，但侧向一边，是唐代流行的堕髻的前身。另外，还有梳成单鬟（鬟，读huán，指盘成环形的头发）或双鬟的高髻的，也称"云髻"，发髻高耸，看起来神采奕奕。除了梳髻之外，女性还在头上佩戴一些头饰。这一时期女性仍然流行穿着深衣（图1-3-1）。

汉代乐府民歌中有许多表现汉代女性形象的。《孔雀东南飞》就非常详细地描述了汉代一位端庄的女性刘兰芝的形象："著我绣夹裙，事事四五通。足下蹑（蹑，读niè，踩着的意思）丝履，头上玳瑁光。腰若流纨（纨，读wán，指细丝织品）素，耳著明月珰。指如削葱根，口如含朱丹。纤纤作

知识小档案

司马相如是汉代著名的文学家。传说司马相如与一位叫卓文君的女子相爱，但因为家境贫寒，于是带卓文君私奔到老家成都，开了一家酒铺。两人辛勤劳作，卓文君酿酒，司马相如则穿着短裤在店里卖酒。

图1-3-1 着深衣、椎髻的汉代女性 西安汉墓出土

知识小档案

《孔雀东南飞》这首民歌描写了一段凄美的爱情故事,刘兰芝与焦仲卿二人相爱,但刘兰芝的父母将刘兰芝许配给另外一名男子,于是二人相约自尽,死后父母将两人埋葬在一起。加之文辞优美,是汉代民歌中的精品,被人们广为传颂。

细步,精妙世无双。"《陌上桑》:"头上倭堕髻,耳中明月珠。缃绮为下裙,紫绮为上襦。"描写了一位平民女性秦罗敷的日常穿着。《羽林郎》:"长裙连理带,广袖合欢襦。头上蓝田玉,耳后大秦珠。"描写

> 襦,读rú,指古代女性上身常穿着的一种外衣。

> 裾,读jū,指衣服的大襟。

了一位卖酒的胡姬,同样身着襦裙,耳戴珍珠耳珰。所谓"北方有佳人,绝世而独立",秦汉时期的女性,在端庄中透露出一种朴素清新的美感。

4. 魏晋南北朝服饰

魏晋南北朝是一个多民族文化交融、异彩纷呈的时代，是中国古代历史重要的转折点。这一时期，汉族士族、平民大举迁往南方，推动了南方经济的发展，而北方则成为了多民族交流融合的中心。

这一时期，汉族士族崇尚玄学，崇尚放达不羁 羁，读jī，指约束。，因此南朝男性的服装与秦汉相比发生了变化，变得更加宽松舒适，就是史书记载的所谓"褒 褒，读bāo，宽大的意思。衣博带"。最能代表魏晋时代风貌的人物就是王羲之。王羲之，字逸少，是东晋时期著名的书法家，《兰亭集序》就是他的成名作。除了书法出神入化之外，王羲之的狂放不羁也是人们津津乐道的话题（图1-4-1）。王羲之出身世家大族，当时太尉郗鉴想从王家子弟中选一人作自己的女婿，派人去王家观察，王家其他子弟都正襟危坐，唯独王羲之袒胸而坐，镇定自若。郗鉴认为王羲之必有不世之才，于是将女儿许配给王羲之。

以拓跋鲜卑为首的鲜卑民族在史诗般的民族大融合中逐渐融入华夏民族中，同时又对后世的华夏民族产生了深远的影响。试看这一时期鲜卑民族的服饰，即可略见一斑。鲜卑传统的服饰，一般为头戴圆形的风帽，身披一件披风（图1-4-2）。这样的装束与汉人传统服饰显然大不相同。鲜卑服饰在北魏的前期、中期非常流行，不仅是平民甚至是仆役常见的穿着，在官员、贵族阶层中，也十分流行。塞北地区秋冬季节风沙大，气候严寒，这样的圆形皮质风帽和披风非常有利于遮挡

图1-4-1 王羲之玩鹅图（局部）

012

风沙，御寒保暖，因此成为鲜卑民族喜爱的服装。北魏前期、中期，这样装束的人物形象是十分常见的。孝文帝依照汉和曹魏时代的官员服色制定了官员的五等公

图1-4-2 着鲜卑服饰的男俑 大同市司马金龙墓出土

服，并对常服加以改革。《魏书·任城王传》记载，孝文帝在洛阳见鲜卑贵妇中仍有服胡服者，便大为不悦。在这种情况下，原来流行的风帽披风和裤褶 褶，读zhě，裤褶，南北朝时期流行的一种胡服式的衣服。，很快便被褒衣博带的汉式服饰所替代。在发现的北魏洛阳时代的文物中，汉式服饰的人物形象取代了鲜卑服饰，成为常见的题材（图1-4-3）。虽然如此，鲜卑式的风帽对后来的服饰还是产生了一定的影响。一些学者认为，出现于北朝后期，流行于隋唐并一直沿用至明代的幞 幞，读fú，幞头，古代男子常戴的一种帽子。头，就是风帽演变而来的。正如鲜卑服饰一样，鲜卑民族已经消失于民族融合的大潮中，但是其对中华文化的深远影响，却一直绵绵不绝。

知识小档案

北魏孝文帝年幼登基，其祖母太后冯氏在早期一直是朝政的实际控制者。冯太后出身北燕皇室，作为汉人，其对汉文化的推崇对幼年的孝文帝影响应该是很深的。北魏孝文帝亲政后，大力推行鲜卑民族的汉化，不仅改革了服装，还废除了鲜卑语、鲜卑姓氏，甚至为了摆脱反对势力，不远万里从平城（今山西大同）迁都至洛阳（今河南洛阳）。

这一时期，女性的衣着服饰不同于秦汉时期较为朴素自然的风格，而更加华美和张扬。女性的发型头饰更加繁缛（缛，读rù，复杂的意思）。发型主要分为髻和鬟两类，髻为实心，鬟为中空。在魏晋南北朝，各式新的发式不断出现，名目有灵蛇髻、芙蓉归云、归真髻、凌云髻、叉手髻等众多式样。这一时期的义髻更加流行，贵族妇女多佩戴义髻以增多发量，再盘成复杂的发式。因为义髻的造价十分昂贵，民间妇女很多难以承受，因此重要的节庆时，便向人借用，就是所谓的"借头"。另外，因为义髻的流行，许多平民妇女也贩卖自己的头发以供制作假发。传说晋代陶侃的母亲因招待客人，剪下自己的头发换钱买酒。另外，还有一种义髻称为"蔽髻"，在其上装饰金玉，只有命妇才能佩戴。北朝鲜卑民族流行步摇。鲜卑式的步摇与汉式的步摇有些不同，造型更像一棵树，底部常做成鲜卑人崇尚的鹿头（图1-4-4）。枝干上缀有金箔制成的叶片，可随行步而摇动，这种步摇常安装在步摇冠上，而不是直接插在头发上。

南北朝时期，女子流行的妆容有"花黄"。所谓花黄，又称额黄、鹅黄，指将金黄色的纸剪成各种形状贴在额头，也有说在额上涂黄色。据说这种装束在秦汉时就已经出现，到了南北朝时期开始流

图1-4-3 《帝后礼佛图》中着汉式褒衣博带服饰的鲜卑贵族

图1-4-4 鲜卑步摇 中国国家博物馆藏

行,北朝乐府诗歌《木兰辞》里的"当窗理云鬓,对镜贴花黄",南朝陈废帝《采莲曲》里的"随宜巧注口,薄落点花黄",都是对女性花黄妆的描写。这种花黄,就是隋唐时代流行的花钿的前身。

知识·小·档案

《采兰杂志》记载,传说三国时期的名姬甄宓(宓,读fú)在宫中见到一条灵蛇每天盘成一种不同的姿势,因此受到启发,每天按照灵蛇的姿势设计自己的发型,因此引领朝流,为当世女性争相效仿。

知识·小·档案

《木兰辞》是北朝时期的一首民歌,讲的是一位叫作木兰的女子,由于父亲和弟弟不能服兵役,她乔装打扮成一名男子,代父出征,并立下功勋。封赏时,人们才知道木兰是一位女子。

5. 隋唐服饰

隋唐时期是中国封建时代的鼎盛时期。这一时期民族交流达到高峰，服饰文化也体现了许多外来因素，如胡服、回鹘（鹘，读hú，回鹘，指古代少数民族。）装等，我们将在后面讲到。在这里简单介绍人们日常穿着的服饰。

经过魏晋南北朝时期的长足发展，隋唐时期女性服饰的多彩和华丽已经达到了封建时代的高峰。隋唐时代社会开放自由，汉式服饰与少数民族服饰、外来服饰交相辉映，互相借鉴和影响，使得隋唐时期的女性服饰成为中国古代服饰史上最绚丽的一个篇章。

根据史料记载和文物资料，隋唐时期的女性发式可能不下数十种。椎髻在汉代就开始流行，是将头发拢在头顶或后脑，束成椎形，不仅有单椎，还有双椎、三椎的。东汉时流行的堕马髻在唐代流行，并衍生出"倭（倭，读wō。）堕髻"，即髻从头顶向一侧垂下。双丫髻为将头顶头发分成左右两股，在两侧盘成两个大髻，或将两侧头发梳成双鬟下垂，称为双鬟垂髻。螺髻是首先将头发分成多股，然后盘叠形成螺状，固定在头顶或脑后，也称盘桓髻。翻刀髻是将头发以丝线扎成多股，然后再向后反挽出各种发式，由此衍生出"惊鸿髻""分髾（髾，读tiáo，指垂下的头发。）髻"，还有更加复杂的"百花"发式。"灵蛇髻"，上文已经提到，在魏晋时期已经出现，将头发束成条状然后盘曲扭结，绕于头顶，盘曲方式多种多样。鬟就是将头发梳成环形，往往是多鬟，有的高耸立起，有的向两侧倾斜，有的下垂，其中一种"望仙髻"，高鬟巍峨，宛如天仙，华丽尊贵。另外，还有一种模仿回鹘贵妇发型的回鹘髻，梳成立起的椎髻状，

图1-5-1 《簪花仕女图》（局部） 辽宁省博物馆藏

然后戴一顶桃形金冠（图1-5-1）。

唐代妇女流行桃花妆，即先以铅粉打底，两颊涂抹胭脂，然后再以黛画眉，眉心贴上各式花钿，在两唇角各点一点，称面靥〔靥，读yè〕，再在嘴唇上点上一点胭脂。唐代女性画眉的方式也有很多种：桂叶眉，近观似两枚桂叶，其中眉尾向上的称为"蛾眉"，向下的称"倒晕眉"；细眉包括柳叶眉、远山眉、新月眉；还有许多其他的名目。《丹铅续录》载，唐玄宗令画工画出十种女性眉式的图样，分别有：鸳鸯〔鸳鸯，读yuān yāng，一种鸟。〕眉（又名八字眉）、小山眉（又名远山眉）、五岳眉、三峰眉、垂珠眉、月棱眉（又名却月眉）、分梢眉、涵烟眉、拂云眉（又曰横烟眉）、倒晕眉，可见唐代女性眉式的多样和丰富。

> **知识·小·档案**
>
> 传说南朝宋寿阳公主在梅树下休息，梅花刚好落在公主眉心，并留下了梅花形的印记，宫人争相效仿，以梅花形的饰片贴于眉心，便形成了花钿。

隋唐女性的形象可以从当时的文艺作品中直观地认识。首先是隋唐时达到极盛的诗歌。虞世南《应诏嘲司花女》里的"学画鸦黄半未成，垂肩禅〔禅，读duǒ，指衣服宽松下垂。〕袖太憨生"，描写了宫女涂额黄，着广袖上衣的装扮；沈佺期《夜游》里的"南陌青丝骑，东邻红粉妆"，描写唐代市井女性的妆容；卢照邻《长安古意》里的"片片行云着蝉鬓，纤纤初月上鸦黄。鸦黄粉白车中出，含娇含态情非一"，描写了初唐时期首都长安贵妇的娇艳；温庭筠《菩萨蛮》里的"小山重叠金明灭，鬓云欲度香腮雪。懒起画蛾眉，弄妆梳洗迟。照花前后镜，花面交相映。新帖绣罗襦，双双金鹧鸪〔鹧鸪，读zhè gū，一种鸟。〕"，描写的是晚唐时期贵妇早起慵懒的妆容。唐代传世画作中也不乏唐代女性的优美形象：首屈一指的当属唐代的宫廷画家张萱〔萱，读xuān。〕、周昉〔昉，读fǎng。〕，传世画作中多唐代仕女形象，由于生活于唐朝前期，他们画作中的仕女形象，大多体态雍容，衣着华丽，设色丰富。例如《虢国夫人游春图》

知识小档案

《虢（虢，读 guó）国夫人游春图》的主人公虢国夫人，就是杨贵妃的姐姐。传说虢国夫人美貌不下于杨贵妃，她对自己的容貌十分自信，因此皇帝召见她时，她都不化妆，这就是"素面朝天"一词的由来。

（图1-5-2）、《捣练图》《簪花仕女图》《调琴啜茗（啜茗，读 chuò míng，小口喝茶的意思。）图》等，表现了初唐至盛唐时期女子的从容自信、生活愉悦、大气开放。其他画家如阎立本的《步辇（辇，读 niǎn，指乘坐的车或轿子。）图》中，也常见到唐代女性的形象。这些画作较之零散的文物资料更为生动，为我们直观呈现了唐代女性的雍容华贵。

图1-5-2 《虢国夫人游春图》（局部） 辽宁省博物馆藏

6. 五代、宋代服饰

五代时期女性服饰承袭了晚唐女性的服饰遗风。晚唐时代的女性服饰已经与盛唐时代有所不同，这一时期女性服饰已经不似盛唐时期崇尚鲜艳华丽，用色比较朴素，整体更加纤细端庄，五代时期的女性服饰也基本是这一特点。这一时期裙装的高度较唐代略低，束口在腰间；女性仍然流行佩戴帔帛，但帔帛的长度较唐代更长，也使女性身材显得修长。在著名的传世画作《韩熙载夜宴图》（图1-6-1）中，我们可以看到五代南唐时期女性的服饰特点。

图1-6-1 《韩熙载夜宴图》（局部） 故宫博物院藏

宋代男子平时头上佩戴巾或冠帽。宋代巾的形制非常多，传说宋代名流苏轼（轼，读shì）、程颐（颐，读yí）等均自制头巾，称为"东坡巾""程子巾"，按照形制，又分为圆顶巾、荷叶巾等，名目繁多。士

知识小档案

苏轼，子子瞻，号东坡居士，四川眉山人，宋代著名的文学家。苏轼不仅文章写得非常好，而且热爱生活。他一生游历全国许多地方，还发明了许多美食，如著名的"东坡肉""东坡肘子"。

图1-6-2　穿长衫戴东坡帽的苏轼

大夫阶层则多戴纱帽，其中较为流行的是一种帽檐较短、帽顶如高桶的帽，以乌纱缝制，传说这种纱帽是苏轼发明的，因此俗称"东坡帽"（图1-6-2）。

宋代女子服饰延续五代十国时期的服饰特点继续发展。宋代女子仍然崇尚梳高髻，甚至有高达两尺的"危髻"。唐代的堕马髻、螺髻、双鬟髻等在宋代依然是主要的女子发式。除了以上一些比较传统的发髻之外，宋代还流行"包髻"（图1-6-3），即将发髻以彩色的绢帛（帛，读bó，丝织品的意思。）包裹，扎成云朵或各式花形，再装饰以鲜花、簪钗；北宋后期，女真族女性的束发垂于脑后的发式也在中原地区流行，时人称之为"女真妆"；另外还有以五色丝带扎系发髻，丝带一端下垂呈流苏状的，称为"流苏髻"。由于高髻的流行，义髻在宋代仍然十分受欢迎。这一时期有以头发编成假髻冠，可直接戴在头顶的，称为"特髻冠子"。除了梳髻以外，宋代女子的头饰也十分丰富。王建的《宫词》便有这方面的描述："玉蝉金雀三层插，翠髻高丛绿鬓（鬓，读bìn，指耳朵旁边的头发。）虚。舞处春风吹落地，归来别赐一头梳。"用来固定发髻，并起到装饰作用的簪钗仍然十分精美，钗（钗，读chāi，指金属制作的簪子。）头仍然用镂空、掐丝等技术装饰花、凤、鸟、蝶等纹饰。相比唐代，宋代簪头采用的图案题材更加世俗和大众化。

缠足的习俗在宋代开始兴盛。宋代人认为女子小脚是美的标准，并且认为女子应当减少活动，端庄处静。这些观念直接导致了人们对这种陋习的崇尚，并且一直延续到清末，且屡禁不止。所谓缠足，就是在女孩七八岁时，便开始以长条布将脚裹起来，限制其长度。裹脚的习俗导致了女子脚的畸形﹝畸，读jī，畸形，指生长发育出现异常。﹞发育，过程十分痛苦，且导致了缠足的女子不能如正常人一般自由活动。宋人

图1-6-3 包髻的宋代女像 太原晋祠圣母殿藏

借用"步步生莲"的典故，称缠足的女子小脚为"莲"，认为三寸的小脚最好，即"三寸金莲"。苏轼的《菩萨蛮》描写了缠足女子的形象："涂香莫惜莲承步，长愁罗袜凌波去。只见舞回风，都无行处踪。偷穿宫样稳，并立双趺困。纤妙说应难，须从掌上看。"女子穿的小鞋，鞋头多呈尖头状，鞋底内凹，像射箭用的弓，因此又称"弓鞋"。

知识·小档案

传说缠足在汉代就已经出现。汉代著名的美女赵飞燕不仅身轻如燕，而且脚也非常小，汉成帝令人用金箔剪成一朵朵莲花的形状，贴在地上，赵飞燕可以在上面跳舞，这就是"步步生莲"典故的由来。

宋代的文艺作品中常常可以看到女性形象。婉约优美的宋词自然少不了对女性形象的描写。李珣的《浣溪沙》描写了宋代女子的夏装："入夏偏宜澹﹝澹，读dàn，即淡。﹞薄妆，越罗衣褪郁金黄，翠钿檀注助容光……晚出闲庭看海棠，风流学得内家妆，小钗横戴一枝芳。镂玉梳斜云鬓腻，缕金衣透雪肌香。"张泌的《江城子》表现着夏装女子的

晚妆:"黛眉轻,绿云高绾,金簇小蜻蜓。窄罗衫子薄罗裙,小腰身,晚妆新。"张先的《双垂鞭》表现的是淡妆的女子形象:"双蝶绣罗裙,东池宴,初相见。朱粉不深匀,闲花淡淡春。"此外,还有晏几道的《临江仙》:"罗裙香露玉钗风。靓妆眉沁绿,羞脸粉生红。"黄机的《浣溪沙》:"墨绿衫儿窄窄裁";曹组的《醉花阴》:"薄薄香罗,峭窄春衫小。"更有许多曲牌名直接与女子装束有关,如《金缕衣》《钗头凤》《拂霓裳》(霓裳,读ní shāng,指色彩艳丽,像彩虹一样的裙子。)《握金钗》等。宋代仕女图较少,较为著名的有刘宗古的《瑶台步月图》(图1-6-4),表现了台上几位仕女赏月的图景。仕女身材纤细,穿着褙子,是典型的宋代女子形象;苏汉臣的《妆靓仕女图》,表现了正在对镜化妆的仕女形象;还有一些其他题材的画作,其中也包含了宋代女性的形象,如《浴婴图》,描绘了宋代宫女为婴儿洗澡的场景,宫女们身着各色襦裙,头扎螺髻,表现了宋代宫中女性的形象;而李嵩(嵩,读sōng。)的《货郎图》中有一位身着布衣长衫,头戴兜帽,怀抱儿童的妇女,显然是宋代市井女性的形象。而一些珍稀的传世宋代雕塑作品,更是立体而传神地表现了宋代女性的风姿,例如现存于山西太原晋祠圣母殿的40余尊宋代传世的女官及侍女彩塑,向我们展示了难得一见的宋代女性的衣着、装束和精神面貌,被誉为古代传世最生动优美的女性塑像。

图1-6-4 《瑶台步月图》(局部) 故宫博物院藏

7. 元代服饰

元代是中国棉纺织业飞速发展的一个时期,其主要的推动者是黄道婆(图1-7-1)。棉花是由印度传入我国的。我国种植棉花的历史始于南北朝时期,但南北朝时期棉花只出现于新疆地区。唐代以后,棉花逐渐传入中原地区,但棉纺织业一直未得到很好的发展。元代以前,棉纺织业主要在南方少数民族地区发展。提花技术织出的布匹、被褥具有"折枝、团凤、棋局"等图案,十分美观,深受人们的喜爱,因此很快推广开来。在

> **知识小档案**
>
> 元代淞沪地区妇女黄道婆,早年流落到海南,与当地黎族居民共同生活期间,黄道婆掌握了黎族先进的棉纺织技术,特别是棉布提花纺织技术。所谓提花技术,就是以经纬交错的方式形成布料上花纹的技术。后来黄道婆返回淞沪,向当地居民传授棉纺织技术。

这种趋势下,淞沪地区形成了发达的棉纺织手工业群,最多时有千余户织户以棉纺织业为生。这一时期,手摇棉花脱籽机和脚踏式纺车是重要的纺织机器,推动了纺织工业的发展。

元代的衣着服饰较为丰富。蒙古人的传统装束,也习用皮制服装,如皮袄、皮帽、皮靴。元代男女也流行着圆领和交领窄袖长袍,与契丹式长袍相似。元代官员常服圆领

图1-7-1 黄道婆纪念邮票

袍，头戴四方瓦楞帽。还有一种流行于蒙古族的装束，俗称"辫线袄"，其形制为圆领窄袖，上身帖服，下摆宽大并起褶，最大的特点是以辫线束腰，配合头戴"钹笠 钹笠，读bó lì，钹笠帽，形状像传统乐器钹，因而得名。 帽"（图1-7-2）。

图1-7-2 穿着元蒙古服饰的元代成宗及其皇后

8. 明代服饰

元末轰轰烈烈的红巾军起义，推翻了蒙古贵族建立的政权，中国恢复了汉族的统治。明代统治者重视农业，劝课农桑，在环境适宜的地区大力推广棉花、桑、麻等纺织经济作物，鼓励纺织，因此纺织业也在明代得到了较大的发展。明中叶以后，以淞沪地区为中心的江南，已经成为"衣被天下"的富饶之地，当地产销的棉布流通天下，甚至上贡皇室。明代棉布和棉絮已经开始逐渐取代麻、葛布成为平民服装常使用的纺织材料，这一时期的"布衣"主要是指棉布衣服。

> **知识小档案**
>
> 明代的淞沪地区，在元代黄道婆引入技术的基础下，迅猛发展，明代中期以后，淞沪地区生产的棉布已经在全国各地广泛流行。当时的文人形容松江地区"衣被天下"，就是说该地生产的衣料，广泛流行天下。

另一方面，为了消除前代民族政权对于中国的影响，明代开国皇帝朱元璋（图1-8-1）提出"复汉官之威仪"，禁断元代的辫发、裤褶、窄衣，恢复汉族传统服饰的正统性，借鉴唐宋以来的制度，对服饰特别是官服进行了规范和调整。朱元璋的一生非常传奇，幼年的朱元璋家境贫寒，为了生计，曾经为地主放牛，还在寺庙里当过和尚。元代晚期社会动荡，朱元璋加入了农民起义军，并

图1-8-1 朱元璋像

发展起自己的队伍。1368年，朱元璋终于建立了新的国家明朝。农民出身的朱元璋对自己的身世非常敏感，在当上皇帝后，一直极力巩固自己的威严，严格规定了贵族与平民的生活规范。

明代加强了专制统治，对于民众的衣着服饰也有了较为严格的规定。例如，平民不可用玄色、黄色，不可僭越使用绫罗、纻丝、金绣，靴上不可装饰花样，服饰不得以金线绣花，帽顶不可用金玉等，一旦僭越，就要施行严厉的惩罚；另外，由于重农抑商政策，对商人的衣着服饰限制更加严格，只许商人着绢、布衣服。对衣长、袖长的尺寸，甚至都有规定，以此来规范不同阶层的等级观念。

> 纻，读zhù，指用苎麻丝织的布。

明代女性的发式早期仍然与前代相似，到明中期，逐渐出现了许多新的样式。例如一种称为"牡丹头"的发式，将头发梳成几股，用丝带扎紧，每股向上盘至头顶，然后用簪钗固定，类似的还有"芙蓉头"等；还有将发髻盘成扁圆形，然后在髻上插入各式金属片打制的装饰，而这种发式称为"挑心髻"；还有以鲜花插髻的，与宋代簪花习俗相似；到明末，女性发式名目更加繁多，有"双飞燕""罗汉髻"等。明代女子崇尚梳髻，因此假发仍然流行。明代出现的一种新的假发称为"鬄髻"，俗称"头面"，以金属丝、竹篾编制，然后在上面裱糊皂纱，或编头发。

> 鬄，读dí。

明代女子多缠足，因此仍然多穿弓鞋。明代弓鞋还流行加装高底，后跟以木块为底，而老年妇女则多穿以多层布料纳底的平底鞋。

我们再来通过文艺作品认识明代女子的形象。明代的世俗小说中有许多关于女子装束的描写，《金瓶梅》里这样记载："（潘金莲）头上戴着黑油油头发鬄髻，口面上缉着皮金，一径里趑出香云一结。周围小簪儿齐插，六鬓斜插一朵并头花，排草梳儿后押。难描八字湾湾柳叶，衬在腮两朵桃花。玲珑坠儿最堪夸，露莱玉酥胸无价。毛青布大袖衫儿，褶儿又短，衬湘裙碾绢绫纱。通花汗巾儿袖中儿边搭刺，香袋儿身边低挂，抹胸儿重重纽扣，裤腿儿脏头垂下。往下看，尖趫

趫[趫，读qiáo，尖尖的样子。]金莲小脚，云头巧缉山牙，老鸦鞋儿白绫高底，步香尘偏衬登踏。红纱膝裤扣莺花，行坐处风吹裙袴[袴，读kù，就是裤的意思。]。口儿里常喷出异香兰麝[麝，读shè，一种动物，雄性身上有香囊，其中分泌的膏状物经过处理后可以发出特殊芳香，即麝香。]，樱桃初笑脸生花……"从头到脚描写得十分详细，一名明代少妇的形象跃然纸上。明代仕女图又重新盛行起来，究其原因，是宫廷对于仕女题材的喜爱和重视。吴门画派的唐寅、沈周、仇英，以及陈洪绶、杜堇[堇，读jǐn。]都是画仕女图的好手，仅仅是他们的仕女图就有不少的传世佳作，如唐寅的《孟蜀宫妓图》《牡丹仕女图》《秋风纨扇图》《吹箫仕女图》（图1-8-2），仇英的《燕寝怡情图》《四季仕女图》，陈洪绶的《纨扇仕女图》《抚乐仕女图》等，更遑论其他大量的画作了。通过这些传世画作，我们可以看到，明代人们心目中的"美女"，身材苗条，仪态端庄，但艳丽精细，不乏生活气息。与唐代仕女图不同的是，明代仕女图女子纤细而不似唐代女子圆润饱满，不如唐代生动，虽然也表现了女子的优雅妩媚，但趋向于程式化。

知识小档案

唐寅，字伯虎，号六如居士、桃花庵主，是明代中期非常有名的画家。他与祝允明、文徵明等合称"江南四才子"，性格狂放不羁。明末小说家冯梦龙以他为主人公，创作了《唐解元一笑姻缘》，后来被逐渐改编为唐伯虎三笑点秋香的故事。这个故事被著名演员周星驰改编成电影，受到人们的欢迎。

图1-8-2 《吹箫仕女图》 南京博物院藏

9. 清代服饰

满族，是女真族的直接后裔（裔，读yì，就是后代的意思）。明代东北地区的女真部族仍然处于部落的状态，到明后期，女真部族再次崛起，建立了后金，后改号清，并开始与中原的明王朝分庭抗礼。明朝灭亡后不久，清军入关占据北京，正式确立了对中国的统治。清王朝入主中原后，强制按照本民族的文化推行衣着、礼仪制度，虽然遭遇到了汉族士民激烈的抵抗，但是随着历史的发展，满人服饰逐渐与汉人服饰开始相互借鉴、共同生存，在中华民族的服饰发展史上留下了独特的文化印记。

清代服饰受满族文化的影响很深。满人大举南下入主中原后，推行严格的剃发易服政策，因此满式服饰很快在中原推广。

首先要说的是清代男性的发型。满人在入关之前，一直沿袭着女真的髡发传统，进入中原后，更是强制全国男性剃发，并严厉打击不从者，号称"留头不留发，留发不留头"。因此，清代男性的发型基本统一为前额及两侧头发全部剃光，仅在后脑留发，并编成长发辫。这也成为鸦片战争以后中国人留给欧美国家最深的印象（图1-9-1）。

图1-9-1 清代后期男性的发型

清代男性的服装最具满族特色的是长袍，其实男性穿着的长袍也称为旗袍，形制为圆领、大襟，左右开衩（衩，读chà，这里指袍下部的缝。）。长袍制成单、夹不同的厚度，以适应不同季节，是清代男性四季通用的穿着。这种服装与剃发令同时推行，因此也很快在全国普及。长袍外常穿着马褂（图1-9-2）。马褂，因最初骑马外出穿着方便而得名，圆领，对襟或琵琶襟，袖长至肘，最初只有八旗子弟穿着，清中叶在民间普及开来。另外还有坎肩，与今天的马甲基本类似。这一类服饰均来自于满人的传统服装。

图1-9-2 穿长袍马褂的晚清男子

由于清代对女性服饰的禁令远不如对男性服饰严格，所谓"十从十不从"中规定"男从女不从"，就是男性强制易服，而女性规定宽松。因此，清代前期汉族女性的着装仍然沿袭明代传统，仍然是上衫下裙。清代汉族女性的衫袍也逐渐受到满式服饰的影响，在衣边加上镶边，与布料的主要颜色形成鲜明的对比。前代的月华裙、凤尾裙、百褶裙依然受到欢迎。

> 镶，读xiāng，将一种东西安装到另一种东西边上。

满族女性多不缠足，流行穿着高跟鞋。清代的高跟鞋与现代高跟鞋造型不同，鞋底以木制作，可高至两三寸。最初鞋底木块外形像船底，后来演变成上下宽，中间细的形式，俗称"花盆底"，常与旗袍配合穿着，使穿着者显得更加端庄修长（图1-9-3）。

图1-9-3 清代高跟鞋 首都博物馆藏

　　文艺作品仍然是直观认识清代女性形象的途径之一。清代的仕女图也有不少传世作品，主要是以汉族装束的女子为本，沿袭了明代仕女图的题材与构图方式。焦秉〔秉，读bǐng。〕贞的《仕女图》、康涛的《贵妃出浴图》、改琦的《靓妆倚石图》《宫娥梳髻图》等都是传世佳作，雍正时期宫廷画家绘制的《十二美人图》更加著名，主要体现了着汉式服饰的仕女端庄娴静的形象（图1-9-4）。除了一些卷轴画作外，清代的一些民俗画、年画、瓷器图案中也不乏女性形象，更加充满民俗气息，也更贴近现实生活中的女性。文学作品中，以《红楼梦》为代表的小说，对清代女子服饰的描写也很多，作为古代四大名著之一的《红楼梦》，更是被誉为"清代女性服饰的百科全书"，其中大量对女性服饰的生动描写，为我们还原清代女性服饰提供了难能可贵的材料。例如，对王熙凤的描写："头上戴着金丝八宝攒珠髻，绾着朝阳五凤挂珠钗；项上戴着赤金盘螭〔螭，读chī，古代一种传说中的龙。〕璎珞圈；裙边系着豆绿宫绦〔绦，读tāo，就是丝带。〕，双衡比目玫瑰佩；身上穿着缕金百蝶穿花大红洋缎

图1-9-4 《雍正十二美人图》之一 故宫博物院藏

窄裉袄,外罩五彩刻丝石青银鼠褂;下着翡翠撒花洋绉裙(第三回)。""家常带着秋板貂鼠昭君套,围着攒珠勒子,穿着桃红撒花袄,石青刻丝灰鼠披风,大红洋绉银鼠皮裙(第六回)",一个雍容华贵的贵族少妇形象生动地展示在我们面前。因此,清代服饰的研究者手中都少不了一本《红楼梦》。

裉,读kèn,指衣服在腋下的接缝。

绉,读zhòu,一种专门做出皱纹的丝织品。

貂,读diāo,一种动物,皮毛柔软光滑,常被人们用来制作皮衣。

知识小档案

《红楼梦》是我国古代小说最高成就的代表,与《水浒传》《西游记》《三国演义》合称中国古代四大名著。红楼梦的作者是清代的曹雪芹,故事大致为:世家大族贾家的公子贾宝玉与林黛玉从小一起长大,并逐渐相爱;但贾宝玉的母亲、祖母更加心仪另一位大家闺秀薛宝钗,最终欺骗贾宝玉与薛宝钗结婚,林黛玉含恨而死。而在这个故事中间,还穿插了贾府由盛转衰的过程。

10. 近现代服饰

1912年，清朝被推翻，封建专制时代在中国正式结束。古老的中华文明不断吸收外来的文化，在近现代的中国形成了中西交融的局面，特别是服饰文化，直接体现了中国社会的变化。

早在清代后期，随着古老中国的大门逐渐敞开，西式的服装如西服等就开始为一些年轻有留洋背景的人们所穿着，到了民国时期，西服、皮鞋和西式礼帽的穿戴仍然是一种时尚。男式学生装借鉴了日本的学生装形式，也是由西服改造而来，一般是立领深色外套，内搭配衬衣，头戴鸭舌帽。当然，除了新式服装的流行，民国时期很多男性同时也崇尚传统服饰，即所谓"长袍马褂"。辛亥革命后，虽然绝大多数的男性都剪去发辫，以示解放自由，与旧传统告别，但长袍、瓜皮帽等传统服饰仍然流行，与西式服装并行不悖。长袍的形制与清中后期男子常穿的男式长袍差别不大，仍然是小圆领，窄袖，两侧开衩。民国时期非常有趣的现象就是在街头，可以看到穿着长袍马褂的男子和穿着西服的男子并道而行，传统和现代的碰撞体现得异常鲜明（图1-10-1）。

图1-10-1 穿长袍和穿西装的民国人物（胡适）

与男子服饰相同，女子服饰也经历了一系列改造和优化，吸收了一些来自西方的服饰文化。20世纪20~30年代的民国女性，非常流行烫发。烫发技术是从欧美传入我国的，最早出现于民国时期中国的时尚中心——上海。通过烫发使头发卷曲，最早是使用高温蒸汽，后来发明了电烫法，即用电卷棒加热烫发。刚刚传入中国时，由于价格太高，所以只有富贵人家才能做得起，后来随着烫发工具的普及，价格便宜许多，因此烫发成为当时女性追求时尚的首选。一段时间民国政府曾禁止女性烫发，但收效甚微，到了30年代以后，烫发已经流行于全国各大城市，成为了风潮（图1-10-2）。

图1-10-2 烫发的民国女性（阮玲玉）

50年代，中国与苏联关系较为密切时，苏俄式的服饰对中国女性服饰的影响较大。这一时期两种苏俄式服装流行于我国，即布拉吉和列宁装。所谓布拉吉，就是花色连衣裙，布拉吉是俄文音译。50年代苏联领导人访问中国时，提出中国应当体现共产主义国家的欣欣向荣，因此提倡女性穿着色调鲜明的布拉吉连衣裙。由此，布拉吉曾经在我国风靡（靡，读mí，风靡，就是十分流行的意思。）一时。而列宁装则是一种带腰带的军式大衣，十月革命时列宁经常穿着，最早是一种男装，然而在50年代的中国，却成为流行于女性干部的服装（图1-10-3）。后来，中苏关系恶化，再加上中国面临60年代初的经济困难，制作布拉吉的花布供应困难，因此这两种服饰退出了潮流。

到20世纪70年代末，中国迎来了改革开放的春天，对外开放的大门前所未有地敞开，国内外的潮流文化开始深入交流，中国已经完全融入了世界文化的大潮中。中国人的服饰潮流已经完全与世界接轨，墨镜、喇叭裤、牛仔服等西方潮流服饰受到了人们的追捧和欢迎。80年代初，中国大陆出现了第一支时装模特队，报名人数大大超出了预计，后来这支模特队到欧洲表演，引起了轰动，西方媒体报道称"毛泽东的孩子们穿起了时装"，他们也感受到了中国前所未有的变化。80年代以后，人们的生活富裕起来，思想也变得更加开放和活跃，人们对衣着打扮更加讲究个性和多变，已经很难将现代的服饰用一种款式或潮流来加以概括了。

令人欣喜的是，近几年我国的一些学者、年轻人，致力于研究和恢复我国传统的汉服，并逐渐推动一股"汉服热"，古老的中国传统服饰，又开始焕发出新的生机。

图1-10-3 列宁装

第二章
各时期服饰风格千变万化

自古以来，中国服饰的外观、设计常常有着各自的时代风格，并且不同身份、不同场合的穿着装扮也有着不同的习惯或规定。在这些习惯或规定的约束下，穿着的人不必多说，旁人就已经对他们的身份有了大致的印象。

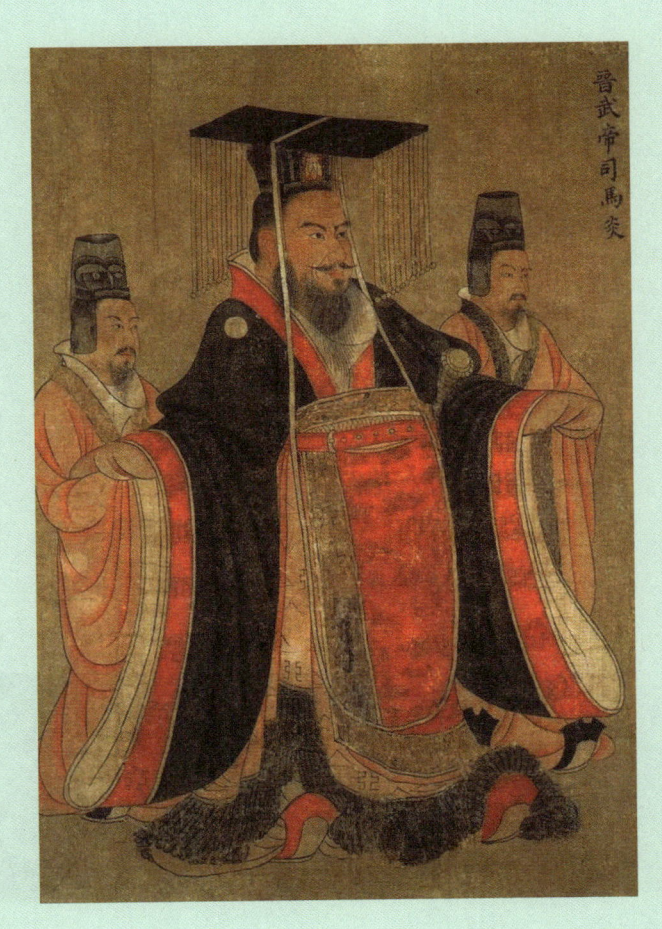

1. 汉式服饰的形制发展

周代流行的服装主要是深衣。深衣不同于礼制规定的繁缛的礼服，而是广泛使用的常服。《礼记·深衣篇》载，深衣可以给文人穿，可以给武士穿，可以给傧（傧，读bīn，傧相，指接待宾客的人）相穿，还可以给统领士兵的将军穿。这是以说明其日常使用之属性。深衣主体为整幅布料缝制而成，上衣和下裳连接为一体，左侧衣襟的前后面缝合，穿着时以右侧在下，即"右衽"，左侧绕至身后，再以带系束，分为直裾和曲裾两类。因为华夏民族的服装常用"右衽"，而"左衽"通常见于周边其他民族的装束，"披发左衽"便成为了古人对周边异族的形容。这一时期的鞋履有许多种类和名目，见于记载的有舄（舄，读xì）、屦（屦，读jù）、屩（屩，读juē）、履、靴等，使用的场合不同，制作方式也不同。

周代贵族还流行佩戴组玉佩。所谓组玉佩，就是成组佩戴在身上的玉佩。自古以来中国人就认为玉是具有美德和灵性的石头，因此"君子无故，玉不去身"。周代贵族在参加重要的场合时无论男女，身上都要佩戴组玉佩，其中包括串珠、璜（璜，读huáng，玉佩的一种，形状如彩虹）、璧、觿（觿，读xī，玉佩的一种，形状如钩）等，用丝线串联起来，行走时玉佩相互碰撞，丁丁作响，十分优雅，即所谓"鸣玉而行"。《礼记》记载，"天子佩白玉，公侯佩玄玉，大夫佩水苍玉，世子佩瑜玉，士佩瓀玟（瓀玟读ruǎn mín，带有花纹的美丽石头）"，可见周代贵族佩玉也是有等级制度的。不仅是史料记载，在考古发现中，我们也发现贵族佩戴组玉佩是非常流行的现象，如山西天马曲村

图2-1-1 周代晋侯夫人的组玉佩 山西博物院藏

038

晋侯墓地（图2-1-1）、河南三门峡虢国贵族墓地、陕西韩城芮<mark>芮，读ruì。</mark>国贵族墓地的墓葬中，墓主都随身佩戴成组繁缛的玉佩。

带钩是古代流行的一种实用性的服饰部件，在穿戴深衣式服饰的时代一直十分流行，直至魏晋时期仍有使用。考古发现，许多身份显赫的官员贵族，在入葬时也要佩戴华丽的衣带，只是时间久远，有机质的带体已经腐朽不存，而青铜质、玉质的带钩较为完好地保存了下来。带钩的形制常常是琵琶<mark>琵琶，读pí pa，一种传统乐器。</mark>形，一端小而弯曲，称钩首，用于钩住带的另一头；另一端背侧有一个突出的钮，用于与带缝合在一起。官员贵族的带钩常常工艺复杂，玉质的采用圆雕、透雕等技术，青铜质的采用鎏<mark>鎏，读liú，指在器物表面用一定方法镀上一层金或银。</mark>金银、镶嵌等技术，与华丽的衣带相得益彰。考古发现周代最为著名的一件带钩是在河南辉县固围村战国时期魏国墓葬中出土的一件鎏金嵌玉嵌琉璃银带钩（图2-1-2），其本身杂糅<mark>糅，读róu，融合的意思。</mark>各式工艺，充分显示了当时手工业者的技术水平，是一件难得的珍品。

> **知识·小·档案**
>
> 琉璃（liú li）是一种将各色人造水晶在高温下融合在一起形成的物质。中国古代最初制作琉璃的材料，是从青铜器铸造时产生的副产品中获得的，经过提炼加工然后制成琉璃。琉璃的颜色多种多样，古人也叫它"五色石"。琉璃是在1400多度的高温下烧制而成，经过十多道手工工艺的精修细磨，整个过程纯为手工制作，在高温1000度以上的火炉上将母石熔化后自然凝聚。

图2-1-2 周代鎏金嵌玉嵌琉璃银带钩 中国国家博物馆藏

秦汉时期的男性头上常戴冠帽或巾帻（帻，读zé，古代的头巾）。冠帽为贵族和官员身份的象征，平民等身份低微的人不能佩戴。秦代，军士头上常包巾帕，但到西汉中期以后，巾帻逐渐开始流行于社会。传说汉元帝额发不够帖服，直接带冠效果不雅，于是以巾帻包头，于是导致巾帻开始流行；也有说西汉末王莽谢顶，于是以巾帻包头以遮丑。巾帻常见的有平上帻和介帻，平上帻顶部平（图2-1-3），介帻顶部尖状突起。由于西汉时规定达官显贵才能戴冠，基层官吏和白衣只能戴巾帻，但到了东汉时期，由于巾帻佩戴、起居都比冠帽方便，于是高官、贵族们也开始在许多场合佩戴巾帻。

图2-1-3 戴平上帻的男子 山东沂南画像石墓出土

秦汉时的袍服形制仍然是深衣式（图2-1-4），也有直裾和曲裾两类。曲裾形式的袍基本与战国时期的深衣相似，衣领为交领右衽或琵琶领式，开领口较低，露出里面的衬衣，袖口常镶边，下摆绕身，较长的可达数圈，因此走路时侧面内衣不露出来。而直裾袍服也常为交领右衽式，衣襟相交，上面的一片至左侧胸部垂直向下。这种直裾袍又名"襜褕（襜褕，读chān yú）"。这种袍服最初只用于日常起居或作为礼服内衬穿着，直接着袍服出入正式场合被看作是一种无礼的行为。但到东汉时期，礼节由繁缛趋于简化，最初不登大雅之堂的袍服逐渐被作为外衣，并一时成为礼服。秦汉时人们穿的鞋主要是履。履的材质不同，贵族、妇女常穿着以丝绸制成的履，即丝履，其上还装饰美丽的绣花纹饰或珍珠。一般平民则主要穿着粗布或麻制成的履。在正式场合多穿加木底的鞋，称舄。还有一种木底的鞋，即屐（屐，读jī）。屐就是日本至今仍在穿着的木屐，以丝绸或布帛作鞋面，鞋底装有两条横向的木齿，便于远行、登山。

女子多穿着曲裾深衣，这一时期的深衣经过演化，右衽大襟特意做得更长，因此可以绕身多圈，层层交叠显得更加美观。因为汉代女性的审美标准为"长壮妖洁"，即身材修长，面目姣好，因此衣服的下摆也更宽大，再以一条带束腰，这样使得穿着的女性显得身材修长苗条。此外还演化出一种叫作"袿 [袿，读guī，华丽的衣服。] 衣"的深衣，这种深衣将左侧衣襟底部特意裁剪出两个形状似玉圭 [圭，读guī，古代的一种玉器，长方形，一头尖。] 的装饰垂下，走路时随步伐摆动，起装饰作用。另外，在汉代，襦裙已经出现并流行。襦裙就是上身短衣与下身长裙搭配穿着的形式，上身短衣称为"襦"，有时襦外再穿着一件短袖大襟的外衣，称为绣

图2-1-4 着深衣的男俑 湖南省博物馆藏

裾 [裾，读qū。] 。汉代女性流行戴巾帼 [帼，读guó。] ，所谓巾帼，是以竹篾或金属丝扎成的头套形物，在外面裱有黑色的绸布或彩色的缯帛，有点像冠帽，直接戴在头上，然后再用钗固定。俗话说"巾帼不让须眉"，巾帼在这里指代女性。贵妇还喜欢在发髻上佩戴步摇。

魏晋南北朝时期，南方流行纱帽，即以纱缝制的帽，主要是黑、白色，黑色更加常见，官员、庶民皆可佩戴。纱帽常见的形制为笼冠，以黑漆纱制成，顶部与汉代平上帻相似，但两耳有方形

知识·小档案

步摇是一种簪钗，钗头装饰有华丽美观的金枝玉叶，还有珠翠垂下，随着行走，下垂的珠翠轻轻摇动，光彩闪烁，衬托了女性的步幅柔美。后来鲜卑民族的一些部族女性也非常喜欢佩戴步摇，传说部族姓氏"慕容"就是步摇一词演变而来的。

041

笼巾。除笼冠之外，还有卷荷帽、高屋帽等多种形式。而北方则逐渐开始流行鲜卑式的风帽，圆顶兜状，后来鲜卑式风帽也为汉人接受，将帽后的裙状边沿束紧，这种形制称为"破后帽"，或在风帽顶部束带，称为"突骑帽"。魏晋和南朝服饰主要形制是对襟直领，两袖宽博，宽松下垂的衫。而北朝受到少数民族服饰文化影响很大，特别是鲜卑族的衣着服饰，这一时期流行的男服主要是裤褶和裲裆。所谓裤褶，包括褶衣和裤两部分，褶衣也是一种袍式的上衣，短身广袖，腰间束带，长度仅到膝部；而裤则是两腿分开的两条裤管，裤脚肥大，使下摆如同裙式，后来又有用绦带

图2-1-5 着裤褶的北朝男俑 中国国家博物馆藏

将膝盖以下部位扎系以便于外出或骑乘的，这种裤称为"缚裤"（图2-1-5）。裲裆，"其一当胸，其一当背"，前后两片由带连接而成，没有领和袖，穿着在袍服外，是后来坎肩的原型之一。魏晋南北朝时期女性主要穿着深衣、衫、襦裙。其中深衣经过改造，形成一种新的衣服，称为"杂裾垂髾服"，这种深衣将下摆裁成一排三角形，重重绕身后交叠，另外还在腰中系带，带上附有许多飘带，称为"纤"。穿着这种衣服走动时，女性显得飘逸灵动。襦裙在魏晋南北朝也非常流行，下身的长裙有些做出裥（裥，读jiǎn，就是衣服上的褶子。）褶，以多色布料相间缝制，是百褶裙的前身。上身短襦之外常穿交领右衽长衫，衣袖宽博，衫常至腰下，腰间系带。另外，从晋代开始，女服流行着帔（帔，读pèi。）。所谓帔，是一条

长长的飘带，披于肩上，两端从袖后垂下，向后飘动（图2-1-6）。这一时期还有一些女扮男装的习俗，《世说新语》记载，王武子招待晋武帝时，"婢子百余人，皆绫罗裤褶"，穿着男式的裤褶。

图2-1-6 《女史箴图》中着衫裙、帔、戴步摇的魏晋女子 大英博物馆藏

隋唐时期兴起并流行的头部服饰是幞头。幞头可能由北朝时期的风帽演变而来，也称折上巾，共四条系带，两条系头顶使其包裹头部和发髻，两条从脑后系住下垂，主要流行于官员中间。早期幞头直接包裹头部，后来为了穿戴方便，在幞头内加内衬，名为"巾子"，撑起幞头，使其保持固定的形状，直接穿戴即可。幞头的形状在唐代有四次大的变化，初唐时期流行"平头小样"，顶部扁平；至武则天时期，幞头变高，顶部明显分成两瓣，中间凹陷，人称"武家诸王样"；到中宗时期，幞头高度再次变高，顶部变尖，左右仍然为两瓣，并向前倾斜，人称"英王踣 [踣，读bó，摔倒或摇摇欲坠的样子。] 样"；到玄宗开元年间，幞头再次

变高，顶部两瓣更加宽圆，直立而不向前倾斜，人称"官样"（图2-1-7）。

再来谈谈隋唐时代的女性服装。唐代女性上衣仍然主要是襦，因贴身穿着，所以常常使用质地柔软舒适的绫罗缝制。盛唐之前，襦一般制作得比较贴身，窄袖，长至腰间；到盛唐以后，逐渐流行较宽松、大袖的襦。由于普遍的穿着，襦的样式很多，有交领、对襟、圆领等，更有一种袒胸的对襟襦，体现女性胸部的丰满。这是中国古代非常少见的，可见隋唐时期中国社会风气的开放。有时襦之外还要穿着半臂，所谓半臂，就是袖长仅到肘部，在魏晋南北朝时期就出现，唐代前期主要是宫女穿着，盛唐时开始流行于社会，半臂襦裙的穿着方式成为当时的风尚。外衣之外经常搭配帔。帔在前文提到过，在魏晋南北朝时流行的是帔子，到隋唐时，除了帔子外，还有一种帔帛，比起帔子，帔帛长度稍短，但宽度更宽，围于肩背，更像是今天的围巾。《事物纪原》载，唐代的制度规定，官员和平民的女子日常起居穿帔帛，出门时则穿帔子，未婚女性多用帔帛，已婚女性多用帔子。隋唐女性下身主要穿着裙，这一时期女性裙的类型更可谓五花八门，数不胜数。此外，隋唐女性还流行女扮男装，穿着男性的袍服，佩戴幞头，或穿着胡服戴胡帽的女性形象可谓屡见不鲜。

图2-1-7 《步辇图》中着袍服戴幞头的唐代男子 故宫博物院藏

宋代士庶穿着的衣物因身份、职业的不同而各有差别。官员、读书人着白布衫，襟、袖镶边，形制为圆领广袖，并在腰间加一条横向分隔线，称之为"襕（襕，读lán。）"，这是仿制前代上衣下裳的形制，这种衫名为"襕衫"。仆役则多穿用黑布制成的长衫，即"皂衫"。除了这些以外，还有夏日穿着的凉衫、冬日穿着的毛衫等。宋代男子常穿的衣服还有直裰。直裰用料没有特别讲究，有葛布、麻布，也有绸缎，其形制为交领右衽，衣长过膝，与衫不同，腰下不加襕，因而得名。袄和背子也非常流行。袄是在天气寒冷时穿着的外衣，有夹袄、棉袄、皮袄，另外还有一种叫"旋袄"的，较其他的袄更加短小，便于穿脱，最早是外出或骑马时穿着的，后来也流行于民间，穿于直裰之内以御寒。背子与背心形状相似，但前胸为两片对襟，直领，用带束紧。这种背子男女皆可穿用，特别是夏天，男性更是上身直接单穿。

这一时期的下装主要是裤子，与袄相似，有单裤、短裤、夹裤、棉裤，在不同的季节穿用，御寒的同时防止腿部露出不雅。宋代还流行一种只有裤管的"膝裤"，主要是为了防止腿部裸露的。还有一种长期出门远行的装束，即绑腿，用长条布料制成，层层缠绕小腿，便于长途跋涉，与后来军人的绑腿完全一致。

宋代女子主要穿着的外衣仍然是襦裙（图2-1-8）。宋代襦裙与唐代襦裙有较大的区别。唐代襦裙大多宽博广袖，与唐代女子较为丰满的体形相衬，而宋代襦裙则显然纤细修长，更倾向于苗条身材。宋代襦裙上身主要是襦、衫、袄，夏季穿着材质较薄的衫，秋冬穿着棉质的或夹絮的袄，襦的形制与唐代不同，主要是交领窄袖，与唐代流行的直领袒胸大袖迥异，襦或内衬的内衣的领口也做得较高，多到脖颈处，这是因为宋代人们认为女子过多暴露是不雅的，因此以高领掩盖脖子的肌肤。下身长裙曳地，多用紫色、黄色，裙身宽阔，裥褶细密，例如百褶裙。裙前侧常常在下垂的飘带上悬挂一枚玉环，不仅美观，还可以在女子行走时压住裙子，使其不会随风飘舞，保持端庄，称为"玉环绶〔绶，读shòu，丝带的意思。〕"。除了日常穿着的裙以外，还有一种便于外出骑乘的裙装，前后开衩，称为"旋裙"，这种裙最初多为风尘女子穿着，但后来由于穿着行动方便，便很快流行于社会。此外，两肩仍然搭有帔帛。除了襦裙以外，宋代还出现了一种新的服装样式，即"褙褙，读bèi。子"（图2-1-9）。褙子的基本形制为衣长至膝或脚面，主要是直领对襟长袖，两侧开衩至腋下，腰间束带。这种服饰男女均可穿着，女性穿着很普遍，从贵族命妇至杂工仆役都可以穿。《宋史·舆服志》记载，已婚女子穿着礼服时，佩戴冠，穿着褙子；妾则佩戴紒紒，读jiè，就是紫色的绶带。，身穿褙子。褙子可能是模仿前朝"中单"的形式制作。由于褙子两侧开衩高，前面为对襟形式，所以内衣容易露出来。为了避免尴尬，当时女性多用一条宽的巾围在腰间，又称为"腰巾"。除了常服以外，宋代贵妇还有一种礼服，名为"大袖"，顾名思义，就是袖口宽大，衣长至膝，直领对襟。这种"大

图2-1-8 着襦裙的宋代女性 太原晋祠圣母殿藏　　**图2-1-9 着褙子的宋代女性 太原晋祠圣母殿藏**

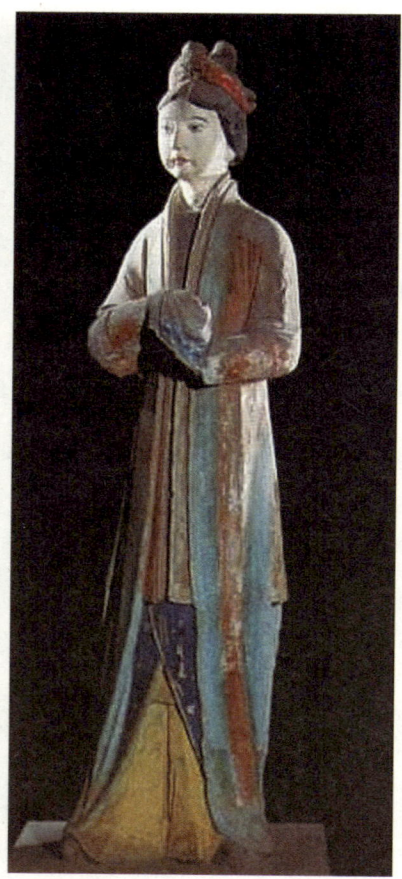

袖"一般是贵妇命妇在重大庆典上穿着,平民妇女只有结婚时才能穿着一次。宋代女性裙内常穿有套裤,多为无裆的形式,与现在的长筒袜相似;劳动女性为了活动方便,也有直接穿满裆裤的。这一时期,女性还穿有内衣,即"亵（亵,读xiè,不正式的、私下的意思。）衣",主要是背心和抹胸。背心与今天的背心不同,一般只能裹住胸前,而背心也有外穿的;抹胸与儿童的肚兜基本相似,也是主要围裹胸腹的。

明代男子头上多佩戴巾或帽。较为常见的有几种:网巾,一般为黑色渔网形,用以包裹头发,但上端留一小口,使发髻露出来。这种网巾约束头发的效果很好,因此非常流行。不仅平民佩戴,官员日常起居也多佩戴,正式场合还可以直接在网巾外带帽。明太祖朱元璋本人也非常喜爱这种网巾（图2-1-10）。还有一种流行于读书人的方巾,展开呈方形,折叠后戴于头上。这种方巾还被冠以雅号,称"四方平定巾",取四方一统的含义。除了这些头巾,明代男子的头巾还有四脚巾、六角巾、披云巾等,宋代流行的东坡巾、浩然巾等头巾在明代仍然为文人佩

图2-1-10　网巾与戴网巾的男子

戴。平民还流行戴便帽,这种便帽由六片布料连缀而成,顶部以一顶结连接,底部再镶边,为了区分前后面,前面常镶嵌一块小的宝石或玻璃,称为"帽正"。这种帽子也有雅号,称为"六合一统帽",其实这种帽就是明清时期常见的"瓜皮帽"。

明代男子主要穿着的服装仍是袍服。其中比较流行的一种称为"曳（曳,读yè。）撒",形制是大襟广袖,衣长至脚踝（踝,读huái,就是脚腕的意思。）,正面腰部做出接缝,两边打褶,流行于儒生、官员中。还有一种"直裰"袍,同

样是大襟广袖,背面有中缝,长至衣脚。袍服外有时穿着短衣,称"罩甲",有对襟和不对襟两类。

女子仍然流行着裙,但上身则更流行穿衫。最常见的衫为团衫,一般为交领广袖。女子衫长随着时代的变化而变化,明代前中期衫长多到腰间,至中后期,衫长多已长至膝下。团衫也作为命妇礼服使用,但是与平常服装不同,有着一定的等级规定。《明史·舆服志》记载,命妇穿着团衫的制度如下:用红色的罗制造,上面绣一对对雉鸡来显示等级,一品绣九对,二品绣八对,三品七对,四品六对,五品五对,六品四对,七品三对,七品以下的不绣。除了广袖的团衫,明代中后期还流行紧身的窄衫,显现出女性的身材,这种衫俗称"扣身衫子"。宋代的褙子在女性中重新流行,同样也有一定的等级规定,交领对襟大袖褙子为命妇礼服,而直领对襟窄袖者则供平民女

图2-1-11 《乔元之三好图》中戴云肩的女子 南京博物院藏

性日常穿着。还有一种外穿的短衣，名为"比甲"，无袖无领，类似今天的马甲，但比马甲更长，男女皆可穿着。比甲在明代以前就已经出现，但是到了明代中期才开始流行于民间。隋唐时期流行的半臂明代女性也有穿着。明代女性上衣外常穿云肩。云肩就是披肩，是一块圆形或四边形的织物，中间为圆形缺口，直接围在肩上外衣外。《闲情偶寄》记载，云肩的作用是保护衣领，使衣领不沾上头发上的油污，非常有用，但是为了美观，必须用与衣服色泽相同的布料制作，近看可以看见，远看好像没有佩戴，这样才是比较得体的穿戴方法。云肩在明代以前也已经出现，在明清时期流行，最初穿戴云肩主要是为了使衣领和肩部清洁，后来逐渐倾向于装饰左右，设计越来越华丽，以鲜艳的色彩绣图案，有些甚至在下面缀流苏，走路时流苏摆动，非常美观（图2-1-11）。

　　民国时期，在学生装的影响下，孙中山先生结合中西文化，设计了一种中式服装，即"中山装"。1919年，孙中山先生请上海一家服装店改造出几件中山装，造型基础是八字形封闭立领，外侧胸前和腰间各两个口袋，袋盖做成笔山形，内侧胸前一个口袋，前襟共五枚扣子。中山装设计具有其独特的含义：衣服外的四个口袋代表"国之四维"（即礼、义、廉、耻），前襟的五枚扣子和五个口袋（一个在内侧）分别表示孙中山先生的五权宪法学说（行政权、立法权、司法权、考试权、监察权）；袖口镶嵌三枚扣子，表示孙中山先生的三民主义学说（民族主义、民权主义、民生主义）；衣领为翻领封闭式，表示严谨的治国理念；衣袋上面弧形中间突出的袋盖，笔山形代表重视知识分子，重视传统文化。中山装在民国时非常流行于政府人员、文人阶层，孙中山、毛泽东、蒋介石都经常穿中山装。直至今日，中山装在某些正式场合还为人们所穿着。民国十八年，国民政府规定，文官宣誓就职时，一律穿着中山装，以示对国父、国民革命先驱孙中山先生的尊崇和怀念。

知识小档案

孙中山，名孙文，字逸仙，出生于今广东中山，是中国革命的先驱。孙中山先生出生于清代后期，目睹了封建王朝晚期的腐朽和衰败，因此从小立志要为解放中国人民奋斗。青年时，孙中山赴日学医，学成归来后又为革命事业毅然放弃了从医生涯，积极投身革命。在他的推动下，中国最后一个封建王朝清朝宣告终结，成立了中华民国，中国从此进入了新的时代。1925年，孙中山因病去世，逝世前仍然叮嘱人们："革命尚未成功，同志仍需努力。"至今仍然激励中华儿女继续前进。

20世纪20年代，改良式的旗袍出现。这种旗袍与清代满族妇女穿着的旗袍显然不同，满式旗袍的衣长和袖长都减小，并且将布料裁剪得更加贴身，展现出女性身材的曲线美。到了30年代，改良旗袍更是风行全国，人们将旗袍进一步加以改造，镶边逐渐趋于简单，将两侧的开衩做得更高，高至大腿，去掉两袖，衣领也由立领转向低领或无领，布料裁剪得更加贴身，以示对自由和美感的追求。制作旗袍的面料也更加多样，除了锦缎以外，还使用丝绸、棉布等。这种经过改良的旗袍，成为展现东方女性美的代表服装（图2-1-12）。

图2-1-12 着改良旗袍的民国女子

2. 异族风情的碰撞交融

古代中国与周边国家、民族的经济文化交流是十分频繁的。自古以来，以华夏民族为主的中国人，与周边国家、民族就有着频繁的互动和往来，包括和平的使节贡赐、商旅贸易，也包括规模不等的战争和冲突。在长期的文化交流中，中华文化对周边的民族、国家产生了深远影响，同时中华文化自身也在不断自觉或不自觉地吸收周边异族异域文化源源而来的文化潮流。

《论语·宪问》中，孔子说，如果不是管仲的话，我们这些人现在恐怕都是披发左衽的野蛮人了。大意是说管仲相齐，辅佐齐桓公成就霸业。管仲主张"尊王攘夷（攘夷，读rǎng yí。）"，联合诸侯驱逐周边异族，捍卫了华夏文明。显然，在当时的儒家学者们看来，周边的少数民族是野蛮和落后的。当时周边的民族文化也并不单一，见于史书的就有狁（猃狁，读xiǎn yǔn，就是古代匈奴族的前身。）、诸戎（戎，读róng，指古代在我国西北地区的一些民族。）、诸狄（狄，读dí，指古代在我国北方的一些民族。）、诸夷等，他们都有着自己民族的文化，但是在这里，孔子显然忽略了这一点，而是轻蔑地将其概括为衣衽左向、长发披散的形象（图2-2-1）。

知识小档案

管仲是春秋时期齐国著名的贤相。传说齐国的纠和小白两位公子争夺君主之位，管仲与好友鲍叔牙二人约定，管仲辅佐纠，鲍叔牙辅佐小白。在争夺中，管仲曾经一箭射中小白，幸而射中的是小白衣服上的带钩。后来小白成功继位，就是齐桓公，管仲被捕入狱。鲍叔牙向齐桓公力荐管仲，于是齐桓公不计前嫌，启用管仲。果然管仲治国有方，经过他的努力经营，齐国经济发达，国力强盛。后来管仲谈到与鲍叔牙的情谊，深情地说："生我者父母，知我者鲍叔！"

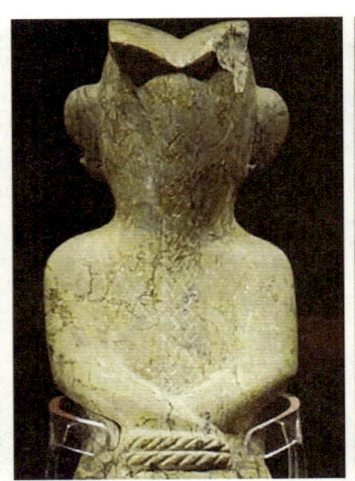

图2-2-1 左衽衣服的民族双人盘舞扣饰
云南省博物馆藏

图2-2-2 不同民族的发式
左：四川金沙出土石人像 右：辽宁西丰出土铜牌饰

在考古发现中，我们可以观察到，在商周至秦汉时期，周边的少数民族形象也具有很大的差异。例如四川成都金沙遗址出土的石质反绑跽坐人俑，头顶短发作"中分"式，长辫作麻花状垂于脑后，这是代表当时四川地区蜀文化地区所存在的一种发式；辽宁西丰、平冈等地出土的匈奴文化的牌饰，上面人物的形象为发辫结于脑后，显然也并非是披发（图2-2-2）；甚至到了汉代，在图像资料中胡人更为常见的表现方式为头戴一顶尖顶皮帽，而不露出头发。当然，孔子对于周边民族的印象也并非毫无依据，左衽衣着确实在周边民族的服饰中更为常见。但是，考古发现证明，周边民族的衣衽左右均有，可能只是并不像华夏民族对衣衽的方向更倾向于右侧罢了。同时期滇文化中人物的衣着，有一部分为左向；欧亚草原塞种人的遗物中所见的衣衽，左向的较多。但是与此比较，周边民族的服饰，右衽的也并不少见。

所谓衣着右衽的正统性，表现了当时华夏民族对周边其他文化的偏见。但是另一方面，这个时代也具有战略眼光，出现了敢于挑战传统文化的人，这就是历史上著名的战国时期的赵武灵王，他开始

第二章 各时期服饰风格千变万化

> **知识小档案**
>
> **胡服骑射**：据《资治通鉴》载，赵武灵王经略代地，再向北至大漠，深感华夏服饰作战时的不便，于是与国相肥义商议，希望在国内推广胡服，学习骑马射箭。最初国人均不愿意，认为学习胡人的衣着打扮是令人着耻的。王族公子成更是称病不朝，质问武灵王："中国是礼乐之邦，向来是外邦学习我们，现在我们反而要移风易俗，是什么道理？"武灵王回复："如果我们不学习胡服骑射，怎么抵御周边的强敌？我推进这项变革，是为了强化军事。叔叔要固守中国的旧俗，却忘了以前打败仗的耻辱，我认为是不对的。"于是公子成心悦诚服，并主动着胡服上朝。武灵王顺势推广胡服令。

主动学习北方民族的服饰文化。

那么何谓胡服？上面提到，中原地区同时期流行的服装是深衣。深衣起居虽然宽博优雅，但是完全不适合作战。当时所谓胡服则不同，主要是短上衣，窄衣袖，下身连裆长裤（图2-2-3）。可以看出，这种服饰是非常适合驾驭马匹、开弓射箭的。赵国在接受和引进了这类利于活动的服饰后，机动作战能力显然有了极大的增强。在强敌环伺的战国时代，赵国不仅要面临其他强大国家的巨大军事压力，由于地处北陲，周边还面临以白狄族、中山国等少数民族的直接威胁。赵武灵王此举，对于整顿赵国军备，增强战斗力确实是非常有效的战

图2-2-3 汉代胡人擎灯俑 广州汉墓出土

略部署。虽然赵武灵王胡服骑射的初衷并不是吸收其他民族的文化，只是为了军事力量的强大，但是这种对于周边异族文化接受和学习的态度，却促进了民族文化之间的交流。

受鲜卑文化的深远影响，在其开放、包容的社会环境下，隋唐时代出现了国家统一，南北文化融合的局面，进入了中国中古时代社会的全盛期。隋唐时代，周边的突厥（厥，读jué，突厥，我国古代西北地区的一个民族）、回鹘、契丹、靺鞨（靺鞨，读mò hé，我国古代东北地区的一个民族）、室韦、南诏、新罗、渤海、日本等国家和民族均与中原地区有着密切的互动往来。在安史之乱前，在长安等城市居住着为数众多的其他民族，他们跨越丝绸之路前来商贸，其中很大一部分在中国定居，与华夏民族通婚，甚至在朝为官。显然这在中国历史上的其他时期是并不多见的。在这种前所未有的社会环境下，其他民族的服饰文化也进入了中原地区，并且生根发芽，甚至成为一种流行趋势。

唐代胡服的概念与战国时期的不同，这个时期胡服的形制为翻领、对襟、窄袖，腰间系带，下摆略低于膝，内衬一件圆领内衣。这种装束来源于中亚地区的服饰"卡弗坦"，流行于波斯地区。这种服饰早在北朝后期就已传入中原，最初是胡人客商和歌舞者穿着的服饰，由于其短摆箭袖的设计非常适合外出活动、骑马，因此很快成为人们青睐的服饰。据《新唐书》记载，"天宝初，贵族及士民好为胡服胡帽"，至玄宗时期，胡服已经成为风靡社会的流行服饰。唐玄宗李隆基是唐代著名的皇帝，我们最为熟知的是他与杨贵妃的爱情故事。他在位的前期，是一位励精图治的明君，在他的努力下，

> **知识小档案**
>
> 唐代的胡人与汉代的胡人概念不同，汉代胡人主要是称呼北方的一些民族，如匈奴等；唐代的胡人则主要是称呼来自中亚、西亚地区乃至更远的外国人。这些人包括粟特人、波斯人，甚至还有欧洲的罗马人，他们大多有高加索人的血统，就是所谓"深目高鼻"的人。由此可见唐代与其他民族、国家的交往范围更大。

唐朝成为了当时世界上最为强盛的国家之一，然而后来他将朝政交给安禄山、李林甫、杨国忠等平庸之辈乃至奸臣，自己则醉心于歌舞音乐，最终导致了唐朝盛极而衰。唐玄宗在歌舞音乐上的成就非常高，传说他曾经亲自执教宫廷乐队，因此还被尊为中国戏曲的祖师爷。不仅男性，女性出游、骑马也非常喜欢穿着胡服。早在初唐时期，着胡服的胡人俑是墓葬中常见的随葬品，胡人深目高鼻的形象一目了然；随后，着胡服的汉人形象也开始大量出现，不仅有男性商人、歌舞者、官员形象，着男装的女性也多以胡服形象出现（图2-2-4）。这一潮流在安史之乱后发生了变化。对于中原的华夏民族来说，胡人强悍的作战能力和豪放的民族精神已经成为

> **知识·小·档案**
>
> 唐玄宗在位后期，沉醉于歌舞升平，懈怠朝政，宠信胡人出身的安禄山、史思明，二人则私下招兵买马，培植亲信。唐玄宗天宝十四年（公元755年）二人相继反叛，声势浩大，一度占领唐朝首都长安，玄宗被迫逃到四川。八年后唐军才艰难地平定叛乱，但唐朝从此一蹶不振，再未恢复盛唐时期的强大。

图2-2-4 穿胡服的唐代胡人、男俑、女俑 西安唐墓出土

了难以控制的力量，于是，自上至下对于外来民族的态度发生了变化，不断出现反对胡人、外来宗教等方面的事件。于是，胡服在社会上逐渐衰落。

与胡服同时流行的还有一种服饰，即蹀躞（蹀躞，读dié xiè，小步疾走之意）带。蹀躞带本是突厥等民族的服饰，北朝后期开始在中原地区流行，隋唐时成为贵族官员佩戴的服饰。蹀躞带的形制与中原传统的衣带也大不相同，衣带主体以皮或丝制成，称为带鞓，带鞓头部有带扣用于固定，带尾有铊（铊，读tā，带尾部的金属部件）尾，带上镶嵌数枚带銙作为装饰和悬挂物什之用，每枚带銙下各垂小带一条（图2-2-5）。

至隋唐时，蹀躞带的使用已经有了明确的规定，这说明蹀躞带已经完全为隋唐统治者接受。《新唐书·车服志》记载，官员一二品用金带銙（銙，读kuǎ，带銙，就是腰带上的牌状装饰品），三至六品用犀角带銙，七至九品用银带銙；一至三品带銙十三枚，四品带銙十一枚，五品带銙十枚，六七品带銙九枚，九品鍮石带銙八枚，流外官、庶民铜铁带銙，七枚以下。武官五品以上配蹀躞七事，即挂于蹀躞带下的佩刀、削刀、砺石、火石、针筒等七类小物件。唐代以后，蹀躞带仍然存在，但是已经没有繁缛的礼节规定，而是成为一种女性喜爱穿戴的佩饰；另一方面，带銙、带头、铊尾等部

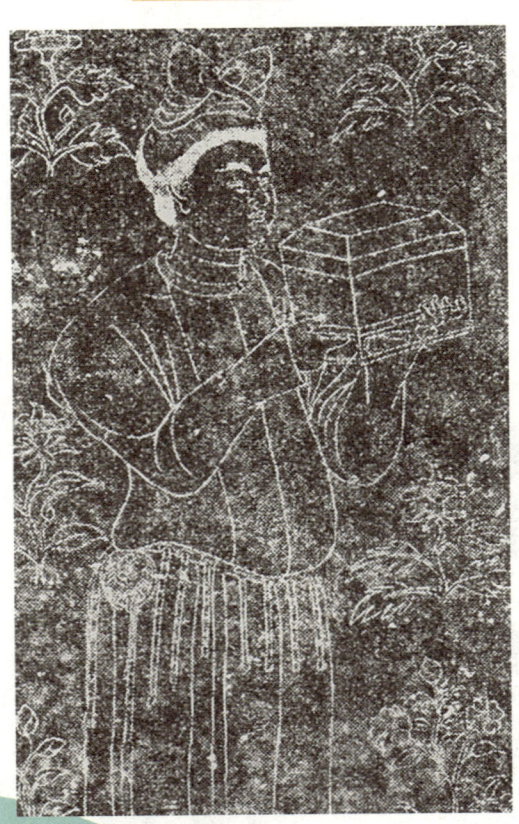

图2-2-5 佩戴蹀躞带的唐代仕女 西安章怀太子墓出土

件，在后来贵族官员的常服、礼服的大带中仍然在沿用，直至明代。隋唐蹀躞带的实物也有发现，其中比较有代表性的一件是近年出土于江苏扬州杨庄隋炀帝墓中的十三环玉銙蹀躞带（图2-2-6）。这件蹀躞带的有机部分已经腐朽，但玉质的带扣、铊尾、十三枚下有环扣的带銙和十三枚玉环保存完整。其造型之精美，向人们展现了隋唐时期贵族配用蹀躞带的精美与奢华。

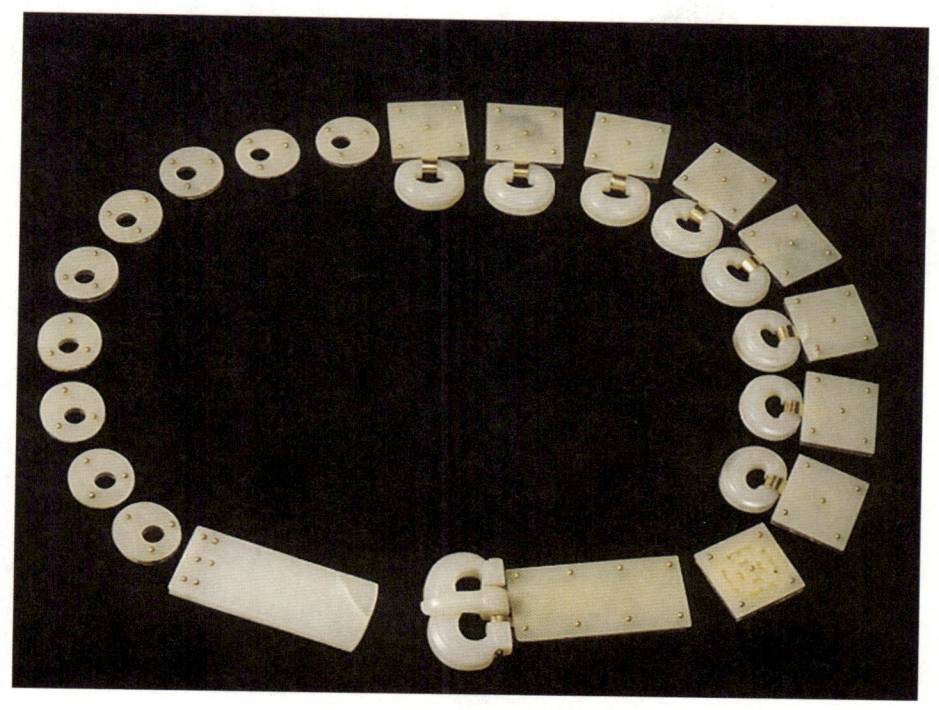

图2-2-6 十三环蹀躞带 江苏扬州隋炀帝墓出土

唐代女性的回鹘（鹘，读hú。）装也一度十分流行。回鹘，早期称回纥（纥，读hé。），是今维吾尔民族的前身，活动于西北地区，最初臣服于突厥，后逐渐强大，在盛唐时期成立了汗国，长期与唐朝保持紧密的联系，唐朝曾多次以公主和亲回鹘；安史之乱时，回鹘汗国曾帮助唐朝平定叛乱。所谓回鹘装，来源于回鹘民族女性的装扮，回鹘装形制是

057

连衣长裙、翻领、箭袖、束带，翻领和袖口镶有花边纹饰，衣料一般使用厚织锦；头部梳成椎状的回鹘髻，其上戴桃形金冠，两侧插簪，脚穿翘头软锦鞋。典型的回鹘装女性形象可见于中晚唐时期的敦煌石窟壁画（图2-2-7）。这种极具特色的女性装束，在盛唐时期传入中原，很快受到了妇女的推崇与喜爱，流行开来。直至五代时期，"回鹘衣装回鹘马"在街头仍然常见。

图2-2-7 穿回鹘装的女性 敦煌莫高窟藏

还有一类来自异域，为华夏民族喜爱并风靡一时的外来服饰纹样，现今称之为连珠纹、对禽、对兽纹。这种服饰纹样特点是由以圆形的连珠纹为界，内有镜像对称的一堆禽或兽，甚至有时是骑马狩猎的人形。这种纹饰早期见于以萨珊波斯、粟特地区为中心的中亚地区，例如在今乌兹别克斯坦地区的一个遗址中出土的壁画，其中一个

图2-2-8 壁画中着连珠纹锦袍的贵族 乌兹别克斯坦出土

贵族形象的人物即着以连珠纹锦裁剪而成的袍服（图2-2-8）。北朝中期，这种纹样也传入了中国境内。例如，北齐时期的徐显秀墓壁画中，就有着以连珠纹锦裁制的服装的侍女形象。到唐代，这种纹饰的锦已经流行于上层社会。在吐鲁番地区出土数件带有连珠、对禽兽纹样的锦，中原地区一些壁画墓中也见到穿着这种锦裁制的衣物的人物形象。这些都足以说明这种纹饰已经在唐的疆域内广为流行。另一方面，这种连珠纹对唐代官服制度也有深刻的影响。《新唐书·车服志》记载，亲王及三品以上官员、

知识·小·档案

据张彦远《历代名画记》记载，唐初官员窦师纶，在供职益州大行台检校修造时，创制了一种美观奇丽的锦，有"对雉、斗羊、翔凤、游麟之状"，因窦爵位陵阳公，蜀人便称这种锦为"陵阳公样"。实际上，这就是典型的对禽兽纹锦，而窦师纶显然参照了这种外来布料的纹样创制了所谓的"陵阳公样"。这种纹样的锦，今天仍被四川的蜀锦工艺者借鉴使用，焕发了新的生机。

二王后，穿着大科绫罗，五品以上的官员穿小科绫罗。"科"，即"窠"，即团花之意。有学者认为，这种大科小科团花也是受连珠纹影响形成的。《旧唐书·舆服志》则记载，延载元年，女皇武则天取出皇家府库内绯红和紫色的罗，制成绣花领子的衫，赐给三品以上的文武官员，其中左右监门卫将军的衫上装饰对狮子图案，左右武威卫将军饰有对虎图案，左右玉钤（钤，读qián，图章或锁的意思。）卫的将军饰有对鹘鸟图案，左右金吾卫将军饰有对豸（豸，读zhì，古代传说中的一种动物。）图案，尚书则饰有对雁图案，这更是直接对禽兽纹图样的应用，而且这种设计，对明清时期的官服补子有直接的影响（图2-2-9）。

图2-2-9 唐代的连珠对禽兽纹锦　左：《步辇图》吐蕃使者服色
右上：连珠鹿纹锦　右下：连珠对龙纹锦

五代十国之后，宋朝成立。然而宋朝却一直未能统一中国北方，自始至终都与北方的其他强大民族政权并立。这些民族早在唐末就开始在中国北方活动,包括沙陀、契丹、奚等。随着时间的发展,一些民族又陆续崛起,如党项、女真、蒙古等,这些民族又在北方先后成立政权,与汉民族和汉文化形成鼎立之势,也导致了中国北方辽、金、西夏、蒙古等民族的文化分别留下印记。

首先介绍契丹服饰。契丹的男女普遍穿着圆领袍,形制一般为左衽、窄袖,使用较暗的服色,如赭黄、墨绿、灰绿等,长袍内衬衫,一般用色泽较淡的白色。下身一般着裤,足蹬长靴。这与中原地区的袍服不同。契丹人的头饰和发型也比较独特,契丹男性一般不许戴头巾、帽子,只有皇帝和高级的官员贵族允许着冠帽;但对女性则较为宽容,女性则普遍可以用围巾。契丹的男性在成年时一般都要髡(髡,读kūn。)发。所谓髡发,即将头顶的头发全部剃去,在两鬓和前额留下头发,有的也将两边的头发修剪或编成发辫垂于两肩。过去人们认为只有契丹男子髡发,然而考古发现证明,契丹女子也有髡发的(图2-2-10)。

图2-2-10 《卓歇图》中的契丹男子形象 故宫博物院藏

女真服饰与契丹服饰比较相似。女真人也起源于东北地区,由于气候原因,喜欢使用裘皮制作衣物,贵族官员流行使用貂皮、狐皮、羊羔皮,平民使用牛皮、马皮、獐(獐,读zhāng,一种鹿。)皮等。金代服饰的另一个特征,是喜爱使用各种模仿自然的颜色和纹饰,例如春、秋狩(狩,读shòu,狩猎,就是打猎的意思。)猎季节,在服装上绣以鹿、熊、山林、鹘捕鹅等,尤其喜爱使用鹿纹。金代男性通常的穿着是，头裹皂巾，盘领长衣，脚穿乌皮鞋。另外，女真人也有髡发的习俗，但女真式的髡发与契丹式的不同，在目前较少的资料中可以看出。第一类是顶部全部剃光，左右各一条发辫垂下，与契丹式略相类似，但更靠后脑；另一种是将前面和头顶的头发剃光，只留脑后头发，变成两条长

图2-2-11 金代奏乐男俑 中国国家博物馆藏

辫，左右各一条。金代前期对于着女真服饰和髡发具有严格的规定，曾经多次强制推广，其中天会七年六月，"金元帅府禁民汉服，又下令髡发，不如式者杀之"。这种高压政策是辽代没有的。直至正隆元年之后，髡发禁令松弛，汉族男性逐渐重新蓄发。金代北方地区和元代汉族女性穿着仍然沿袭宋代女服的形制，变化不大（图2-2-11）。到元代时，宋代女性常穿着的褙子不再流行，风尘女子多有穿着。

　　西夏服饰也有自身特色，史籍中对西夏服饰的记载不多，但从敦煌地区发现的西夏贵族供养像可以窥之一二。西夏的贵族妇女华服与回鹘装有些类似，是连衣长裙，窄袖，两鬓梳华丽的发髻，并在头顶佩戴桃形的金冠；而西夏男子则流行髡发和披发，发型与中原汉民族的不同。西夏男子则通常穿着圆领或交领的长袍，还流行佩戴一种带箍的筒形毡帽。

　　元代男性常戴一种帽子，这种帽子以竹篾作骨，形似古代的头盔，即兜鍪（鍪，读móu。），帽檐或为方形，或为前圆后方，顶部如同凸

起的瓦楞，因此这种帽子俗称"瓦楞帽"。瓦楞帽其实在金代也有流行，是少数民族喜爱的衣服。元代还盛行穿着皮靴、毡靴，据记载，元代的靴有云头靴、高丽靴、鹅顶靴、鹄嘴靴等。（鹄，读hú，一种鸟，就是天鹅。）因为皮靴抗寒保暖、耐磨耐用，因此颇受蒙古、女真人的喜爱，在元代时，汉人也经常穿着（图2-2-12）。

图2-2-12 戴瓦楞帽、着袍服、穿靴的元代男俑 西安刘黑马家族墓出土

清代男子日常穿着的袍服，与明代的袍服不同，袖口较小，圆领，左右开衩，也称为"旗袍"。这种旗袍就是后来长袍的前身。由于一年四季都要穿着，因此材质不同，有棉、夹等，适应不同的气候。另外，长袍外有时还穿马褂。马褂，原是满族士兵外出骑马时穿着的外衣，清代中期以后逐渐在各个阶层流行开来。马褂衣长仅到腰部，圆领窄袖，有开衩。冬天时也流行穿着斗篷，头上有帽，围于身上，因没有衣袖，穿着时像是一口大钟，因此也俗称"一口钟"或"一裹圆"。另外，还有一种窄袖，两边不开衩的袍服，也称"一裹圆"。袍服内穿着裤。裤子的类型主要是与现代相似的长裤，另外，也有类似宋代男子穿着的膝裤的，称"套裤"，套裤较膝裤更长，上面套在大腿上，犹如长筒袜。清代套裤最初较窄，贴腿穿着，后来越来越宽松，到晚清时期，裤管更是肥大（图2-2-13）。

图2-2-13 穿长褂的清代男子（雍正皇帝）

清代满人女性的发式也与汉人不同。日常的满族女性发式主要是"两把头"样式，即将头发分成两绺，分别向左右盘于一支发簪上，然后再横向插入另一支发簪固定，脑后的头发梳成燕尾形，用于盘头发的扁长发簪称为"扁方"。除了"两把头"外，还有"架子头"，即将头发与用来固定头发的发架绾在一起，然后用扁方固定，上面再插簪钗、钿子装饰，由于工序繁缛，所以多用于正式场合。到了清代中后期，满族女性流行佩戴"旗头"，所谓旗头，又称"大拉翅""旗头板"，就是我们在电视中常见的清代女性头上戴的冠，呈扁长形，立面为金属架，外裱青或黑色缎（缎，读duàn，一种光滑的丝织品），正面妆点珠翠鲜花，两侧悬挂流苏。这种冠的形制就是由"两把头"发展而来的（图2-2-14）。

图2-2-14 戴旗头、着旗袍、穿高跟鞋的晚清妇女

第三章
中国服饰的用料与色彩

中华民族是充满智慧的民族。在长期的生产生活中，我们发现并利用了各式各样的材料来制作服饰，如纺织材料有享誉世界的丝绸，还有棉、麻、毛等；在材料多样化的同时，随着对用料本身色彩的搭配外，还探索出了各式各样的染色技术。在这些条件的长足发展下，我国服饰可谓五光十色，美轮美奂。

新石器时代先民们的服饰工艺已经十分发达。在全国各地的新石器时代遗址中，纺轮的发现十分普遍。可见此时，手工纺线的技术已经为先民所熟练掌握；在长江下游的河姆渡遗址，甚至发现了织机的存在，这意味着新石器时代一些地区的人们，已经采用了机织的方法制造布料了。这一时期常用的织布原料有苎麻、大麻、苘麻和葛等。在河南陕县泉护村等遗址发现一些陶器上有麻布包裹的痕迹，其中一些麻布已经达到每平方厘米有纬线十根的密度；江苏吴县草鞋山遗址发现的葛布残片，其中一块还编织出回纹，可见当时已经可以织造出细密、成熟的布料了。我国闻名世界的产品丝绸也在这个时期被人们发明，山西夏县西阴村遗址发现半枚被有意剖开的蚕茧，证明了我国对蚕丝应用很早；浙江吴兴钱山漾（漾，读yàng。）遗址也发现了四千余年前的丝质绢片。这一时期，人们身上的佩饰同样丰富多彩。这一时期，我国先民已经开始了对玉器的崇尚和追求。在东北地区红山文化、浙江地区良渚文化的一些墓葬中，墓主身上甚至有成套的佩饰，有钩云形玉佩（图3-1-1）、玉璧、玉玦、玉笄、玉镯等，用料精良，并经过一系列工艺程序精心加工。但是相对于加工耗时耗力的玉器，骨、角质的饰品更为常见。

图3-1-1 红山文化钩云形玉佩 中国国家博物馆藏

商代的服饰工艺继续发展。这一时期丝织手工业比较发达。商代前期的文字资料不多,但在商王盘庚 庚,读gēng。 迁都至殷（即今河南安阳）后,用于占卜的甲骨用量大大提高。甲骨上常刻有占卜前后的文字记录,因而甲骨成了了解商代社会的重要资料。在甲骨上,有丝、蚕、桑等文字资料,甚至蚕神已经成为祭祀的对象。另外,在多地出土的商代墓葬中,虽然有机物质基本腐朽不存,但用来包裹青铜器的丝织品印痕仍然历历可见。这一时期其他饰物也不乏精品:商代的治玉工艺成熟,考古发现的商代玉佩饰雕工精湛,十分美观;挽束头发的簪笄常见骨、牙质,笄头常雕刻美观的纹饰,不仅实用,而且赏心悦目（图3-1-2）。

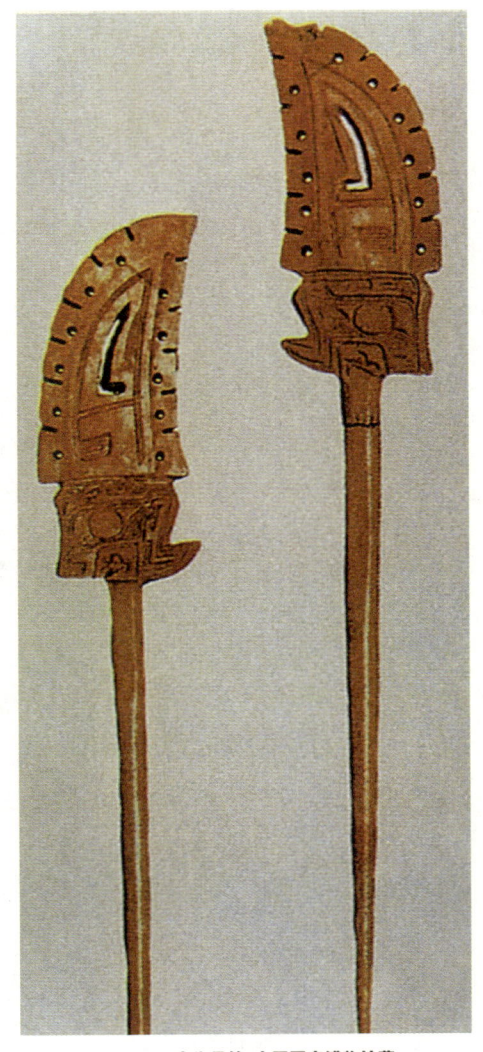

图3-1-2 商代骨笄 中国国家博物馆藏

周代对于礼制十分重视,因此对于女性服饰有一定的制度。根据《周礼》,对于王后、命妇,有祎衣、揄 揄,读yú。 翟、阙 阙,读què。 翟、鞠 鞠,读jū。 衣、展衣、禒 禒,读tuàn。 衣六式衣服,只有王后才能穿着六式,命妇按照等级从高至低依次穿着五、四、三式。祎衣、揄翟、阙翟分别为玄、青、赤三色,为三种不同的祭祀典礼时的穿着,服饰均以翟（雉鸡）为装饰;鞠衣为告蚕（祭祀蚕神）典礼的穿着,为浅绿色；展衣为平常宴席时的穿着，为白色；禒衣为日常起居的服饰，为黑色。穿着这类服装，内衬白色纱衣。在重要的祭祀和宴享中，皇后还要穿黑色的木底鞋，即"舄"。平民女子在东周时期则多穿着深衣。深衣在上文中提到过，与以往的服饰不同的是，深衣不分上衣下裳，连为一体，形制简单，穿着也较为方便，因此很快就流行开来。

隋唐男子主要的装束仍然是袍衫。最常见的袍服为圆领袍、交领袍，袍长至足。士庶均可穿袍服，但袍服的色泽和用料有严格规定。《旧唐书·舆[舆，读yú，就是古代的车。]服志》记载：五品以上的官员都穿着紫色的长袍，六品以下的官员则可以穿着绯红、绿色、青色的布料，平民穿着白衣，屠夫和商人穿着黑色的衣服，士兵差役穿着黄色的衣服。官员贵族多使用绫罗制作袍服，而白衣一般是使用麻布或葛布制作的袍服。劳动者则常穿短衫，长不过膝，便于劳作。无论是着袍或衫，都配以满裆长裤。隋唐时期的长裤较前朝的裤管稍紧，因此不需用带扎系。官员多穿白底皂靴，将裤腿掖[掖，读yē，将一件衣服塞到另一件衣服内。]在靴筒内；而平民布衣平时则穿着麻鞋甚至草鞋。

唐代女性的头饰丰富多彩，在发髻上，往往对称插有簪钗数对，主要使用金银打制，钗头极尽华美之能事，充分展现了隋唐时期金银工匠的高超技艺，有花草、凤鸟、百鸟等各种造型，使用掐丝、钑[钑，读sà，用金银在器物上嵌花纹。]镂、镶嵌、炸珠等工艺，使钗头图案繁缛炫目。盛唐时，女性头上开始流行插梳篦，有金银、象牙、玉质等不同材质，梳齿插入头发内，半月形梳背在上，装饰各色图案。步摇在唐代也流行于贵妇命妇中，这一时期的步摇多为汉式的簪形，钗头为蝶形或凤鸟形，下坠成串的珠玉。隋唐妇女还流行佩戴手镯、项链（图3-1-3）、臂钏[钏，读chuàn，一种特殊的手镯。]、香囊[囊，读náng，小包、袋的意思。]、戒指。臂钏多为小女孩佩戴，俗称"跳脱"，形状酷似弹簧，为多组手镯连接组成，至今仍然流行于一些少数民族女性中。这一时期的香囊也独具一格（图3-1-4）。

图 3-1-3 隋代嵌宝石项链 中国国家博物馆藏

图 3-1-4 唐代葡萄花鸟纹银香囊 陕西历史博物馆藏

知识小档案

除了以绢绸缝制的香囊外,还有一种可以盛装燃烧香料的球状香囊,在陕西西安何家村金银窖藏中发现过一枚,这种香囊的内部结构设计十分精妙,类似于今天的陀螺仪,因此香囊内盛的香料在抖动的情况下,也很不容易撒落出来;香囊的外壳镂出葡萄花鸟纹样,上端有链条用于佩戴。这件香囊不仅是一件实用器,更是一件难得的艺术品,向我们款款诉说大唐盛世的气象。

由于隋唐时期女性经常外出、骑马,流行一种叫"幂篱幂篱,读mì lí。"的帽,形制为用竹篾篾,读miè,劈成条的竹片。、毡制成笠帽,四周帽檐缀以白纱或黑纱,称"帽裙",下垂至肩部,遮掩面部,也有长的下垂至脚上,遮掩全身。这种帽最初来源于西北民族,《晋书·四夷传》记载,西北地区的一支少数民族吐谷浑,男子都穿着长裙,佩戴帽子,或者戴幂篱,因西北地区多风沙,最初是用来抵御风沙侵袭的,但此

时则作为防范路人窥视之用。至初唐时期，幂篱逐渐被帷 〔帷，读wéi，帐子的意思。〕
帽取代，《新唐书·舆服志》记载，最初中原妇女穿戴幂篱，到了唐高宗永徽年以后，开始有人穿戴帷帽，帽子的围檐长度大概到脖子处。武则天时期帷帽开始占据流行上风，到了唐中宗以后，基本上没有人佩戴幂篱了。《中华古今注》记载，帷帽在唐代以前称为"围帽"，男女都可以穿戴，帷帽大多是用皮将四边垂下的丝线固定在帽檐上，形成网状的结构，女子的帷帽上还经常装饰有珠宝，男子的比较朴素。由此有学者认为，帷帽帽檐四周以条条垂丝取代纱罗，这是两者的不同之处。幂篱和帷帽不仅在唐代流行，还传到周边的日本、高丽等国家，受到女性的欢迎。而到唐代开元初，女子出行更加开放，抛弃了帷帽，直接露面出行。《新唐书·舆服志》记载，唐玄宗开元初年，皇帝外出车驾旁骑马的女性随从都佩戴胡帽，露出靓丽的妆容，甚至都不戴帷帽，不遮掩自己的脸面。于是官员平民径相效仿，于是帷帽也逐渐退出流行舞台。女性流行佩戴的胡帽，在上文"唐代

图3-1-5 戴幂篱（左）和胡帽（右）的女俑 西安唐墓出土

胡服"中也提到过，又称"浑脱帽"，来自于中亚民族，一般用厚缎或毛皮制成。所谓"浑脱"，就是指整张皮帽剥离制成，帽顶尖，下沿曲线形，有的还装有两只护耳（图3-1-5）。

唐代女性崇尚红色，因此裙色以红色为多，主要是以石榴花汁染色而成，即"石榴裙"，还有以茜（茜，读qiàn，一种草。）草染色而成的，称"茜裙"。除了染纯色之外，还以织金、织绣、晕染、彩绘等方式加装饰图案，即"织金裙""绣裙""晕裙""画裙"。制作裙的材料也十分讲究，以多幅锦、缎、帛等缀合拼制，然后再打裥褶，即"百褶裙"，还有一种极尽华丽的裙，称"百鸟毛裙"，《旧唐书》记载，唐代安乐公主命尚方采集百鸟羽毛织成裙，正视、侧视、日光下、阴影下各为一色，真可谓穷奢极欲。由于制作裙装攀比奢华，导致大量布料靡（靡，读mí，浪费、奢侈的意思。）费，影响社会风气，唐代曾多次下令限制裙装的长度、用料等规格。万楚《五日观妓》里的"眉黛夺将萱草色，红裙妒杀石榴花"、白居易《琵琶行》里的"钿（钿，读diàn，指在器物上镶嵌宝石。）头银篦击节碎，血色罗裙翻酒污"、张渭《戏赠赵使君美人》里的"红粉青蛾映楚云，桃花马上石榴裙"、杜甫《陪诸贵公子丈八沟携妓纳凉晚际遇雨》里的"越女红裙湿，燕姬翠黛（黛，读dài，指古代用来画眉的黑色石头。）愁"、李群玉《黄陵庙》诗里的"黄陵庙前莎草春，黄陵女儿茜裙新"，都是描写女子着红裙的诗词，证实了红裙确实在唐代非常流行。除红裙之外，也有其他颜色样式的裙装，李商隐《牡丹》里的"垂手乱翻雕玉佩，折腰争舞郁金裙"，所谓郁金裙，是指郁金香染色的金黄色裙子；王昌龄《采莲曲》里的"荷叶罗裙一色裁，芙蓉向脸两边开"，采莲少女穿着的是绿色的罗裙。

唐代襦裙非常流行鲜艳的红色，而到宋代，襦裙主要采用较为朴素淡雅的灰色、墨绿色、月白色等，配合折枝花卉、花鸟等纹饰，具有儒雅的气息。北宋后期，东京流行黄色的腰巾，又称"腰上黄"。《桯（桯，读tīng，指摆在窗前的小桌子。）史》记载，宋徽宗宣和年间，东京汴梁的官民竞相用鹅黄色的布为围腰，称之为"腰上黄"，妇女的便服不缝纽扣，称之为"不制衿"。这种腰上黄最早是皇宫流行的样式，不久就流行全国。次年，宋徽宗让位于宋钦宗，自称太上皇，经历了靖康之变。在作者岳珂看来，金人侵扰中原，与这种妖艳的服饰流行也有一定的关系。

知识小档案

靖康之变：北宋宣和七年（1125年），金人大举南下，宋徽宗见情势危急，匆匆传位给太子，即宋钦宗，自称太上皇，改年号靖康。宋朝军队长期积贫积弱，在金人的进攻下节节败退。靖康二年（1127年），宋钦宗亲自前去金人大营谈判求和，但被金人扣押。随后不久，金人攻破宋朝首都汴京，宋徽宗、许多宗室、大臣、嫔妃也都被俘虏。金人宣布废宋徽宗、宋钦宗为庶人，并将二宗、宗室、嫔妃、大量的金银、珍宝掳掠至金，北宋灭亡。后来二宗死在金朝。汉人以此事变为奇耻大辱，因此也称"靖康之耻"。

宋代女性非常流行戴梳和冠。女子发髻上常常左右插有各式梳子，半月形的梳背常常像簪头一样雕刻得非常华丽，材质有金、银、木、骨、象牙、角等。《入蜀记》记载，四川地区未出嫁的女性，头发大多梳成同心髻，发髻高两尺，上面插六枝银钗，后面插一把大象牙梳，有的甚至像手一样大。在一些重要场合，有些女性甚至在发髻上插三四把梳，因此行动都有所不便。当然，也有一些以金银薄片打制的头梳，非常轻薄，仅有梳的形状，而不能真正插在头发内，应该是簪在发髻上，纯作装饰之用。宋代女子头戴的冠也有许多名目，有珠冠、团冠等，一般以竹篾或金属丝作骨，在外面裱糊黑纱。其中有一种白角冠，与白角梳配合使用，《绿窗新语》记载："白角为冠，金珠为饰"；最美丽的头冠当属花冠，花冠即在冠上簪有各式鲜花或假花，其中有一种称为"一年景"的花冠，更是将一年四季各式时鲜花簪在冠上，别出心裁，美轮美奂。《清异录》记载："洛阳崔瑜卿……

曾为娼妓玉润子造绿象牙五色梳，费钱近二十万"，冠梳的过分华丽引起了宋仁宗的关注，并因此下诏规定冠梳宽一尺以下，长四寸以下，不得用角质。宋代女子还喜欢将各式鲜花直接插在发髻上，即"簪花"。有趣的是，宋代不仅女子喜欢在头上簪花，男子也流行这种风尚（图3-1-6）。

图3-1-6 宋代缠枝牡丹纹玉梳 南京市博物馆藏

　　元代的礼服主要是"质孙服"。所谓"质孙服"，基本形制仍然是蒙古式的长袍，但是会根据使用者的身份采用不同的衣料，高官显贵使用"那石失"。"那石失"可能是波斯语音译而来，是一种特制的织金锦或织金缎，花纹因金线织成而显得金光耀眼，制作成礼服显得高贵华丽；身份较低的使用金缎、毛缎、绫、罗等。元代每年在重要的节日都要举行庆典，高官贵胄均服"质孙服"，佩戴珠宝。再看看元代蒙古男子的发型。蒙古男子主要的发型是在前额留一绺头发，其他头发编作左右两条环状大辫子，垂于两耳旁边，蒙语音译为"婆焦"，也有说留这种发型可以使男人不能如狼般两侧斜视，从而端正威严，因此也俗称"不狼儿"。元代贵族妇女的装束也十分有特色。在庆典上除了身穿华丽的质孙服之外，贵族妇女需要戴"姑姑冠"（图3-1-7）。《长春真人西游记》中记载，蒙古族妇女用桦皮制作帽子，即姑姑冠，有二尺多高，常用黑褐色的布料裱糊，贵妇则使用红绡 绡，读xiāo，用生蚕丝织的布。帽顶好像鸭鹅的形状。姑姑冠起源于何时尚不清楚，但是早在成吉思汗时，就已经流行于蒙古妇女中。一般妇女所戴的姑姑冠，外面以桦皮、褐色布料包裹，上端插雉 雉，读zhì，一种鸟，俗称雉鸡。鸡尾羽；而贵族妇女则更加讲究，除了用红色等颜色鲜艳的锦缎包裹外，冠上还以珍珠等宝石装饰，冠顶插孔雀尾羽等羽毛。由于姑姑冠的长度太大，蒙古妇女参加庆典乘坐马车上下

图3-1-7 姑姑冠 内蒙古博物院藏

车时，要低下头才能出入车厢。

明代女性的头饰非常丰富。簪钗仍然是常用的头饰，钗头采用格式工艺加工出精细的花纹、图案；还有为挑心髻特别制造的饰品，称为"挑心"（图3-1-8）。《云间据目抄》记载："妇人头髻在隆庆初年皆尚圆褊 褊，读biǎn，狭窄的意思。 ，顶用宝花，谓之挑心"，即以珠宝镶嵌头部的金属饰件；头上插梳篦 篦，读bì，指一种齿比较密的梳，用来过滤头发中细小的脏东西或跳蚤。 的传统在明代仍然流行；还有一种"珠箍"，以彩色丝带穿系珍珠，挂在前额；明代年轻女性秋冬时还流行戴抹额，所谓抹额，就是用各种布料制成中间窄两头宽的条状，一般用毡绒，或貂皮、狐皮，后面用扣系于额头上，用以御寒，又称"暖额"，又由于似兔伏于额上，又称"卧兔"。为了增加美观的效果，有些外面缀有各式珠宝。

图3-1-8 镶宝石金祥云菊花挑心 江苏江阴明墓出土

图3-1-9 清代水田衣

明代女子的裙装早期色彩崇尚浅而简朴，至后期则出现了许多新的样式，例如从后向前围系的"合欢裙"；还有一种十幅的褶裙，每褶采用不同的浅色，行路时裙幅摆动起来，色泽似月光般皎洁，因此又称"月华裙"；还有以长宽一致的绸缎缝制的裙，每条绸缎中间绣花鸟图案，两边以金线镶边，称为"凤尾裙"；还有一些裙边还添加了一些彩绣花纹。明代女性的内衣主要是"主腰"，形制与宋代背心类似，两肩两条背带，襟上有三条襟带，贴身穿着紧身收腰，显露身材。还有一种长衫，用各色布料缝缀（缀，读zhuì，指将不同的布料缝在一起。），看起来参差交错，宛如水田，因此俗称"水田衣"，也称百家衣、稻田衣、福田衣（图3-1-9）。这种

> **知识·小·档案**
>
> 对于水田衣的崇尚，一些人则不以为然，如李渔《闲情偶寄》："至于大背情理，可为人心世道之忧者，则零拼碎补之服，俗名呼为'水田衣'者是已"……全帛何罪，使受寸磔（磔，读zhé，指被割裂成小块。）之刑？缝碎裂者为百衲（衲，读nà，缝补的意思。）僧衣，女子何辜，忽现出家之相？"认为将布料裁剪得支离破碎然后拼合，这样的行为属于对布料的浪费。

水田衣模仿僧侣穿着的百衲衣设计，在明清时代非常流行于女性中，儿童也有穿着，不仅样式鲜艳新颖，而且与"百家饭"、"万民伞"相似，具有一定吉祥的含义。

清代男子外出均戴帽。除了官员贵族朝服时佩戴的礼帽，清代平民则流行戴瓜皮帽。瓜皮帽是延续明代的"六合一统帽"而来，形制没有很大的变化，但制作更考究，外层多使用黑布，内衬用红布。形式有平顶和尖顶两类，平顶以纸板衬于内部，再衬棉絮<mark>絮，读xù，就是只经过简单处理的棉花纤维。</mark>；尖顶可以折叠，便于携带。帽顶有一个以丝绒编成的结，一般用红色。还有一种便帽称为"困秋"，形状和瓜皮帽类似，但没有顶结，帽面绣有各色装饰图案，后缀飘带。这种便帽多为女性佩戴。满族女性穿着的服装称为旗装，与汉族传统服饰宽博大袖的特点截然不同，主要是窄袖袍服，即旗袍。旗袍整体为筒形，高领偏襟，有两幅或三幅假袖，特别流行以华丽的布料镶滚衣边。最初镶滚衣边的原因是为了使衣边不易显脏，后来镶边主要是为了装饰，到了清代中后期，女服的镶边甚至可以多至两三层，甚至喧宾夺主，绣有各色花鸟纹饰，比主要布料更加华丽。旗袍外常穿有坎肩，坎肩又称马甲，与现在的马甲相似，无领无袖，胸前横开衣襟，襟上七枚扣子；左右腋下各三枚扣子，共十三枚，俗称"十三太保"，男女皆可穿着。女子旗袍两侧开衩，因此袍内也穿裤。女裤多为阔腿裤，为了华丽，很多裤脚也有镶边（图3-1-10）。

民国的女性知识分子喜欢穿学生装。女子学生装与男子学生装一样，来自于日式学生装，一般是上身蓝色斜襟衫，下身黑色长裙，脚穿平底皮鞋。为什么上身流行用蓝色布料？这种蓝色布料，名为"阴丹士林"，是国外传入的一种布料，使用化学染料染成靛蓝色，不易掉色，因此受到人们的喜爱。女性学生装的衫，很多就是用这种蓝色布料制作的。

图3-1-10 清代女性旗袍

  1949年，中华人民共和国成立，我国进入了一个崭新的纪元。当时，民国的服饰特色仍然存在；到了五六十年代，由于我国经济条件较差，全国人民崇尚艰苦朴素，因此人们对服装的选择也较为简朴，耐脏的黑、蓝、灰色布料成了人们的主要选择，同时提倡"新三年，旧三年，缝缝补补又三年"，1957年人民日报社论称，"要知道，棉布不像粮食：一天不吃饭就不能劳动，但是用布多少的伸缩性却很大。

一件衣裳在通常的情况下可以穿好几年，而且穿旧了再改改补补还可以穿"，所以这个时期人们衣服大多单调简朴，主要是工装、衬衫，很少有色泽鲜艳的布料。这个时代，甚至有外国人调侃中国大街上是清一色的灰蓝色，像是一群"蓝色的蚂蚁"。这个时期的年轻人以穿军装为荣，不能穿军装的，也喜欢穿军绿色的上衣，挎上军绿色的背包。

第四章
特殊的服饰

　　一些服饰有特定的使用对象，它们鲜明的特点将这类服饰和穿着这类服饰的人们与其他人明显地区别开来。这些服饰或有特殊的用途，或显示不同的身份地位，或表现不同民族的风俗习惯，总之，它们都为中华服饰的百花园增添了一朵朵靓丽的奇葩。

1. 古代的军人穿什么？

商周时期就有军服，军服主要是甲胄 [胄，读zhòu，就是头盔。]。其中，穿着于身上的称为甲，戴在头上的称为胄，也称兜鍪 [鍪，读móu。]，实际就是头盔（图4-1-1）。青铜铸造的胄在河南安阳、湖北黄陂、江西新干都有出土，大体都是半球形，头顶部有一条凸棱，原来在内部应该垫有纺织品，以防止金属与皮肤直接摩擦。商代和周代早期的战甲，据记载主要用犀牛皮制成，可见在当时中国大陆还有犀牛的存在，有的还在表面装饰兽面纹等纹饰，显得更加威严和美观。犀牛皮厚实，用于防止冷兵器的直接刺击是非常有效的；另外还有一种"练甲"，是使用多层缣 [缣，读jiān，粗厚的织物。] 帛夹层而成，是一种布甲。到战国中后期，铁的冶炼技术和铁器锻造技术逐渐普及，由于铁的硬度较铜更大，所以很快被用于制造兵器、农具，更重要的是这一时期还发明了铁甲。这时期练出的铁呈乌黑的颜色，因此铁甲又称"玄甲"，又由于这一时期的铁甲制作方法是先制造上下左右有穿孔的鱼鳞形铁片，然后以一定的编结方式用线绳穿过甲片的穿孔，编结而成，因此，这种甲又称"鱼鳞甲"。在此之前有将铜片缀于皮甲布甲上的，铁甲的制造显然参考了这种做法，但新发明的铁甲覆盖范围较原来的铜片更大，有胸甲、腹甲、臂甲连接在一起，可以保护整个上半身。目前所见最早的铁甲片发现于河北易县战国时期燕国遗址中。

图4-1-1 商代的胄（左）和西周的胄（右）
左：河南殷墟出土　右：湖北省博物馆藏

大量的兵马俑为秦代武官和士兵的形象提供了详细的参考资料。（图4-1-2）领头的武官头戴鹖（鹖，读hé，一种鸟。）冠，所谓鹖冠，是秦汉时期武官常佩戴的冠，形如箕，又名"武弁（弁，读biàn，古代贵族、武官常戴的一种皮帽。）大冠"。传说鹖鸟勇猛好斗，相争往往至一只死亡为止，因此这种冠两侧各插鹖鸟尾羽一支，以示勇猛威武，身披裲裆式的鱼鳞甲，甲肩上还有流苏装饰，内衬窄袖长袍，长至膝下，足蹬方头靴；而一般军士，头上不带冠，梳成椎髻，或着胸甲，或不穿甲，直接穿交领窄袖的胡服式军服，腿穿套裤。此外，秦始皇陵从葬坑中还出土了大量的石质甲片，经过努力，考古学家将其复原，其基本形制仍然是鱼鳞甲，但甲片做成方形，同时，还拼合出头戴的胄，可见当时也使用甲片拼合而成的胄。当然，石铠甲过于笨重，恐怕并非是供现实中使用的，可能是供从葬特制的，然而其形制模仿当时真实铠甲是没有疑问的（图4-1-3）。

> **知识小·档案**
>
> 考古发现证明，这些俑原来曾经涂有颜料，特别是武官俑，其甲片是黑色，内衬袍服紫色，甲片下的衬布为红色，甲肩上的流苏是绿色，十分鲜艳。这也是我们以前并不了解的。

图4-1-2 秦代的武官俑（左）和士兵立射俑（右） 咸阳秦兵马俑坑出土

图4-1-3 葬坑中的鱼鳞甲（左）和胄（右）复原 咸阳秦兵马俑坑出土

汉代武官的穿着也有记载。《后汉书·舆服志》载，五官、左右虎贲、羽林、五中郎将、羽林左右监皆戴鹖冠，穿纱縠禅衣。虎贲<mark>縠，读hú，就是绉纱的意思，就是质地平滑有皱纹的丝织品。</mark><mark>禅，读dān，禅衣，类似深衣的一种长衣。</mark><mark>贲，读bēn，奔跑的意思，虎贲的意思是形容士兵如同奔跑的老虎一般勇猛。</mark>将穿虎纹裤，带白虎纹剑。虎贲武骑戴鹖冠，穿虎文禅衣。此外，汉代一些大型墓葬也发现了兵马俑，只不过制作得较小，并不如秦代兵马俑般气势恢宏，但是也为我们提供了汉代军士形象的参考资料。例如陕西咸阳杨家湾西汉墓中出土的彩绘兵马俑（图4-1-4），穿着与秦兵马俑的两类步兵俑基本类似，不同的是甲下的袍服是朱红色，而士兵头上戴裹头的纱巾。汉代的鱼鳞甲也有发现，在河北满城中山靖王墓和广东广州南越王墓都发现了以甲片编结的鱼鳞甲。经过研究，有专家认为鱼鳞甲的编结方式可能对著名的汉代"金缕玉衣"的编结方式有着启发作用。

图4-1-4 汉代彩绘步兵俑 咸阳杨家湾汉墓出土

魏晋南北朝时期的士兵铠甲有很大的改进（图4-1-5）。由于鱼鳞甲过于笨重，穿着时行动多有不便，这一时期一种新式的明光铠取代了鱼鳞甲的位置。明光铠的形制为在胸前和后心装一个或一对金属圆盘，即"护心镜"，用来替代甲片，护心镜往往打磨得光可鉴人，反射阳光，穿着的人胸前光芒闪闪，非常威风，因而得名。明光铠在后世也十分流行，特别是唐代，考古发现的唐代武士俑，穿着明光铠是非常普遍的（图4-1-6）。除了明光铠外，还有裲裆铠，形制如同裲裆，只不过材质换成了坚硬的皮质或金属板。另外，锁子甲在魏晋时期也在中国出现。三国时期曹植的《先帝赐臣铠<mark>铠，读kǎi，就是战甲。</mark>表》载："先帝赐臣铠，黑光、明光各一领，环锁铠一领，马铠一领……"

图4-1-5 南朝武士俑 南京富贵山南齐墓出土　　图4-1-6 唐代着明光铠的将军俑 咸阳唐郑仁泰墓出土

其中提到了明光铠，而所谓"环锁铠"，应当就是锁子甲。锁子甲，是指将细铁丝或铁环以一定方式编结，编成网衣形，由于用金属丝编制，所以重量远远比鱼鳞甲轻便，但由于耗工耗时，所以比较少见。

宋代军士的甲胄也有相关的规制。宋曾公亮《武经总要》记载，宋代官家制作的甲胄有素甲、混铜甲、涂金脊铁甲、墨漆皮甲等，甚至还有以纸制作的甲。《武经总要》中记载的"步人甲"（图4-1-7），其形制与河南巩义宋帝陵前石翁仲中的武官像身穿的甲胄基本一致（图4-1-8）。辽金元制造铠甲的技术也有进步，辽代铸造的铠甲质量很好，传说"契丹"一名即为"镔铁"之意，可见契丹人善于铸造兵器铠甲，契丹辽的铠甲有貂裘甲、金银镀铁甲等。金代则有红茸甲、紫茸甲等。元代则有柳叶甲等，还有比较古老的鱼鳞甲。

元代以后，由于热兵器的出现和逐渐普及，导致原来用于防身的甲胄开始失去实用性，逐渐成为一种军人礼服。明代的将弁服饰多模

图4-1-7 《武经总要》中记载的"步人甲"形制

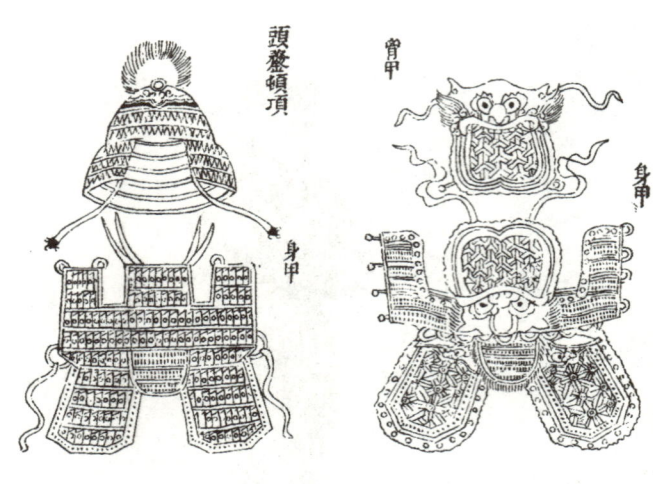

图4-1-8 宋代帝陵前石翁仲武官 现藏巩义宋陵

仿宋代，而清代的八旗子弟在参加重要的军事活动或典礼时要穿着对应旗服色的布甲。

2. 古代的贵族穿什么？

贵族是我国古代一个十分特殊的阶层。他们常常掌握着国家或地方的最高权力，不事农耕，不参与劳动和生产。他们特殊而显赫的身份导致了他们的衣着服饰与平民阶层的不同。首先，由于不需要劳动，所以他们的服饰有时不需要像平民阶层一般，讲究实用和耐用；其次，为了彰显其身份与平民阶层的悬殊，他们往往采用极度奢侈、华丽的服饰来装点自己。当然，所谓"上有所好，下必甚焉"，贵族阶层的一些服饰流行趋势，常常也会影响平民阶层对衣着的审美和喜好，推动整个社会的服饰潮流。

商代贵族男子的形象，我们可以从一些考古发现或传世的商代玉人像直观地认识到。商代贵族流行戴冠。妇好墓出土的一件贵族形象玉人（图4-2-1），头戴平顶小帽，后脑的头发用笄束在一起。而另外一件贵族形象的玉人,造型也十分别致,头发较短,用一条横向的带扎系,前额上还有一条筒形的装饰,身着交领窄袖袍服,腰部束带,背后还有一条长长的带,应为一种正式场合的穿着。此外,还有一种华丽的高冠,似乎在平顶小帽上加一高高的冠饰,向后弯曲,装饰有精美的图案,可能是大巫师等神职人员在祭祀时所戴的。由于商代社会还保留了许多原始社会时期的遗俗,因此神权思想非常浓厚,因此可以通神的巫师往往也是显赫的大贵族。这种戴高冠的形象,在河南安阳殷墟出土的玉人像和四川广汉三星堆出土的青铜大立人像上可以看到。

图4-2-1 穿华服的商代贵族玉像 安阳殷墟妇好墓出土

商代灭亡后,周代继而兴起。周代的典籍资料要比商代丰富的多,因此周代的礼服制度我们可以在史料中得到比较详细的资料。周王在一些正式场合,如祭祀典礼等,需要穿着礼服。周王的礼服有冕 冕,读miǎn。 服、弁服、玄端等。

最为重要的礼服是冕服。冕服全身上下一套:头上要戴冕冠,冕冠由冕綖 綖,读yán。 、冕旒 旒,读liú。 等部分组成。冕綖即冕板,安装在冕冠顶部,为一块木板,上面涂成玄黑色,下面涂成朱红色,前面圆角后面方角,象征天圆地方,前低后高,象征帝王应当谦虚谨慎;冕綖前后缀有成串的珠玉，即冕旒，象征王者目不斜视的威严。周王的冕旒共12串，每串24枚珠玉；冕綖之下为冠卷，以金属丝编结，外面裱（裱，读biǎo，指贴在外面。）糊玄纱，戴在头上，两侧对称开一孔，用以插发笄固定，下面还有一根冠缨，从颔下系好；两耳边各悬挂一枚珠玉，称为"充耳"或"瑱（瑱，读zhèn。）"，象征帝王不听是非谗言。不同的祭祀典礼，所需佩戴的冕冠也不同，有"大裘冕""衮（衮，读gǔn。）冕""鷩（鷩，读bì。）冕""毳（毳，读cuì。）冕""絺（絺，读chī。）冕""玄冕"六种，即"六冕"。不同的冕冠配合不同的冕服，周王穿玄衣纁（纁，读xūn。）裳，即黑色面料的上衣，绯红色面料的下衣，冕服上还要绣所谓"十二章纹"（图4-2-2），上衣绣日、月、星辰、山、龙、华虫六章，下衣绣宗彝、藻、火、粉米、黼（黼，读fǔ。）、黻（黻，读fú。）六章。另外，冕服还有一些其他部件，如大带，用来束腰，前侧还有一条长幅布匹，称为"芾（芾，读fú。）"，用以遮住前侧。另外，还要穿专门的鞋，这种鞋平底，以木制成，鞋面用丝绸缝制，涂成朱红色，名为"赤舄（舄，读xì。）"。冕服规制也为周代以后的帝王服饰奠定了基础，被继承并逐渐改进，但是一些重要的元素作为帝王权威的象征，一直流传下来，甚至直到清代，例如十二章纹在清代的帝王朝服上仍然沿用。

弁服则是朝会时穿着的礼服，等级次于冕服，没有文章装饰。之所以称弁服，是因为头上戴的冠是弁。弁，是没有冕旒的皮帽子。周王弁服根据适用场合不同有爵弁玄衣纁裳、皮弁赤弁白衣素裳、冠弁缁衣素裳、玄衣素裳几种。玄端是一种黑色布料制作的没有纹饰的日常朝服，不仅周王，诸侯、大夫、士均可以穿着上朝，玄

> **知识小档案**
>
> 十二章纹的含义：日月星辰象征王者君临天下；山象征王者安定四方；龙象征王者善于应变；华虫即雉鸡，象征王者文字之德；宗彝是一件青铜礼器，象征王者威严；藻象征王者洁净；火象征王者是天命所归；粉米即米粒，象征王者滋养众生；黼，即斧，象征王者决绝；黻，为一符号，象征王者明辨是非。

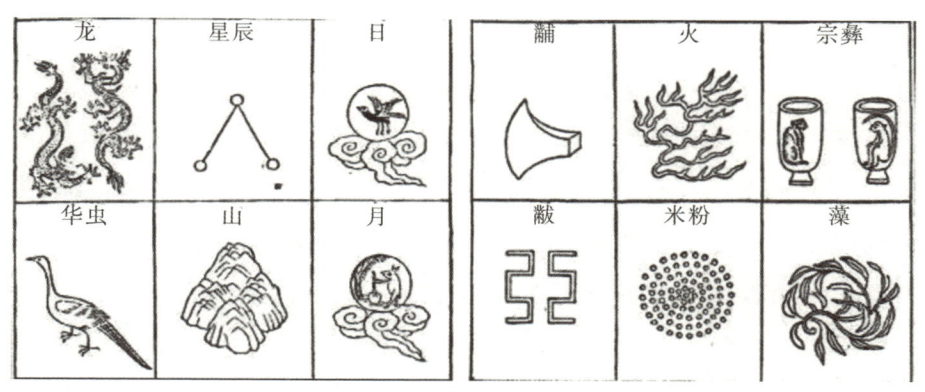

图4-2-2 《三礼图》中的十二章纹

端配合以黑色布料制作的委貌冠。其实冕服和弁服也并非周王的专利，但周王可以穿着各色冕服、弁服，而诸侯、大夫、士则依等级递减，例如冕服周王可服十二章、九章、七章、五章、三章、无章纹，公可服九章、七章、五章、三章、无章纹，侯伯可服七章、五章、三章、无章纹，子男可服五章、三章、无章纹，孤可服三章、无章纹，卿大夫只能服无章纹。与周王一样，王后命妇也有等级制度。王后礼服共六类，分别是祎（祎，读huī。）衣、揄翟（揄翟，读yú zhái。）、阙（阙，读què。）翟、鞠（鞠，读jū。）衣、展衣、褖（褖，读tuàn。）衣。

秦始皇统一六国后，认为秦以水德统治天下，水属北方，以黑色象征，因此服饰也崇尚黑色。秦代废除了周代繁缛的"六冕"制度，礼服仅保留一套玄衣纁裳的冕服。

汉代仍然沿袭秦代的衣冠服饰制度，礼服崇尚黑色。西汉时期一直未对贵族的服色制度有大的改变，直至东汉明帝时期。明帝永平二年，舆服制度有了明确规定。祭祀礼服仍然只保留冕服一套，形制是玄衣纁裳，戴冕冠，着赤舄。天子冕服饰十二章纹，三公诸侯九章，卿大夫七章。皇帝朝服为深衣，以黑色为主。

汉代贵族女性的服饰也有一定规定。谒（谒，读yè，这里指参拜。）庙时需穿着庙服，庙服是汉代女性最重要的礼服，太皇太后、皇太后、皇后谒庙服为绀（绀，读gàn，略带红色的黑色。）上皂下，诸侯、公卿夫人入庙助祭，庙服服色通体黑色。祭蚕时需穿蚕服，相当于周朝的鞠衣，太皇太后、皇太后、皇后蚕服为青上缥[缥，读piǎo，青白色。]下，贵人助祭，蚕服为上下纯缥，公卿诸侯夫人助祭，蚕服为上下缥绢。入朝时需穿朝服，自皇后至两千石官员夫人，朝服即蚕服。除了服装以外，还需按照等级穿戴相应的首饰、绶带等。以皇后为例，《后汉书·舆服志》记载："皇后谒庙服，绀上皂下，蚕，青上缥下，皆深衣制，隐领袖缘以绦。假结。步摇，簪珥[珥，读ěr，就是耳环]。步摇以黄金为山题，贯白珠为桂枝相缪[缪，读miù，缭绕的意思。]，一爵九华，熊、虎、赤罴[罴，读pí]、天鹿、辟邪、南山丰大特六兽，《诗》所谓'副笄六珈'者。诸爵兽皆以翡翠为毛羽。金龙，白珠珰绕，以翡翠为华云。"皇后谒庙服除了深衣式的服装外，头上还要戴装饰六种兽类的步摇，步摇上还镶嵌珍珠、翡翠。

魏晋南北朝整体上仍然沿用汉代的礼服制度，其中北朝后期的北周比较特殊。北周王朝的上层是鲜卑贵族和鲜卑化的汉人贵族，但北周前期，北周武帝力行汉化政策，鼓吹和推崇汉族传统的礼制文化。服饰制度方面，北周直接引经据典，依据《周礼》记载而制定，甚至较周礼制度更加繁复。根据史书记载，北周皇帝所着冕服共10种，现在形制可考的有7种：苍衣苍冕用来祭祀昊天上帝，青衣青冕祭东方，朱衣朱冕祭南方，黄衣黄冕祭中央轩辕[轩辕，读xuān yuán，传说中黄帝的姓氏。]大帝，素衣素冕祭西方，玄衣玄冕祭北方，象衣象冕祭先皇、册后、朝见诸侯。这是根据五行学说制定的，其他的如衮冕、山冕、鷩冕及冕服无详细记载，可能与周礼记载符合。行乡射礼，礼服为黑衣素裳，皂缘中单。祭圣贤穿着的礼服与朝服相同。礼服前端还穿蔽膝。朝服，皇帝戴通天冠，穿皂纱袍、绛缘中单，着黑舄，太子则戴远游冠，着玄色朝服，绛缘中单，着黑舄。后妃命妇的服制同样复杂，分为十二等。皇后以下的命妇按品级着皇后低级的礼服。

此外，一些史书还有对魏晋南北朝其他朝代命妇服制的记载，

例如《通典》记载，北齐皇后助祭朝会穿袆衣，祠高禖穿褕狄，小宴穿阙狄，祭蚕穿鞠衣，觐见皇帝穿展衣，起居以衣。首饰有假髻、步摇、十二支钿，衣服上绣八雀九花。内外命妇从五品以上戴蔽髻，以钿数花钗多少为品秩〔秩，读zhì，指官员的等级。〕。二品以上金玉饰，三品以下金饰。内命妇、左右昭仪、三夫人同一品，戴假髻、九钿〔钿，读diàn，这里指镶嵌宝石的簪子。〕，穿褕翟。九嫔同三品，五钿蔽髻，穿鞠衣。世妇同四品，三钿，穿展衣。八十一女御同五品，一钿，服衣；外命妇一品、二品戴七钿蔽髻，穿阙翟。三品五钿，穿鞠衣。四品三钿，穿展衣。五品一钿，服衣。

在一些考古发现和传世作品中，我们也能一窥南北朝时期贵族的形象，如山西太原发现的北齐武安王徐显秀墓中，绘制了大幅壁画，除了仆从、车马之外，最重要的是在墓室北壁正面绘制了墓主夫妇并坐饮酒的图像（图4-2-3）。徐显秀身穿朱红的长袍，披一件翻毛披风，头戴高冠；而徐显秀夫人则身穿交领襦裙，头梳双髻或带巾帼，

图4-2-3 徐显秀夫妇坐像 太原徐显秀墓出土

图4-2-4 《洛神赋图》中曹植的形象 故宫博物院藏

他们与旁边的侍从对比鲜明，凸显了其生前显赫的身份。而传世的宋摹本东晋顾恺之的《洛神赋图》（图4-2-4），画面中曹植的形象则是头戴弁冠，宽袍大袖，腹下还有蔽膝，脚穿翘头履，这是典型的着汉式礼服的形象，与徐显秀像杂糅鲜卑服饰文化和汉式服饰文化的形象迥然不同。

隋唐时期的贵族礼服主要沿袭了北周时期的贵族礼服制度，但由于北周时期的贵族礼服太过繁缛，便进行了简化，保留了大裘冕、衮冕及冕服。皇帝宴会、接受朝贺时，仍然佩戴通天冠，但较前代通天冠制作精美，先戴黑介帻，然后带冠，冠有二十四梁，加珠翠、蝉、金博山，以玉簪固定。元日、冬至、朔望日上朝时，则佩戴翼善冠。翼善冠是唐代的发明，冠缨远望如同善字，因此得名。太子元日、朔望日则戴远游冠。皇后的礼服则为袆衣、鞠衣、襢衣三类，远较《周礼》服制和北周服制简单。五代时期沿用了唐代的规制，更改不多。

宋代男性贵族礼服仍然基本沿袭隋唐制度。关于宋代后妃的礼服，《宋史·舆服志》载，皇后头戴的花冠，上面有大小珠翠花各十二株，还有九龙四凤，后面左右有博鬓（鬓，读bìn，博鬓，是指花冠两侧的翅状物。）；穿着的袆衣布料为深青色，绣五色红底十二对雉鸡，袆衣内的中衣，有黼装饰的领，用罗縠镶边，腹下有与袆衣颜色相同的蔽膝。暗红色的领边绣有三对雉鸡，外衣的束带与外衣色彩相同，里子用朱红色的里子，外面丝绸松散，上面用红色的锦，下面用绿色的锦，带扣用青色的丝线，带上用黑丝线挂一对白玉佩，还有一对大绶带，三条小绶带，中间还装饰三枚小玉环。脚上穿着青色的袜子

图4-2-5 《宋仁宗皇后图》

和鞋，鞋上还有金饰。除了这种祎衣，还有朱衣、礼衣、鞠衣，共四种。上文记载的祎衣，我们可以从宋代传世的系列《皇后图》中看到，皇后花冠两侧有博鬓，冠上饰以龙凤金饰，深青色的面料上满饰翟纹，边缘为赤色（图4-2-5）。

与宋朝并立的北方民族政权辽、金以及后来的元代，皇帝礼服都模仿宋代，继承了汉式的冕服，由此可见其他民族对于汉文化的认同。另外，据史书记载，契丹辽本身也有一套冕服制度，此外，辽代皇帝常服契丹式绿花窄袍。大礼时，契丹辽的皇后常头戴同心红帕、面涂金黄、身穿红袍，衣长及地、佩戴玉佩、脚蹬乌靴。金代皇帝、太子冕服完全依照汉制，朝服着赭（赭，读zhě，土红色。）黄或淡黄袍，皇后礼服与宋代相似。元代皇帝、太子冕服也为汉制，形制略微简易。元代贵族更多头戴钹笠帽，穿着用色料鲜明的"那石失"锦织造的长袍，每年内廷大宴时则穿着质孙服。

明代致力于重新恢复汉文化，因此从贵族到平民服饰废除了一些前朝蒙古式的服装，而重新采用一些唐宋时期的传统汉族服饰。明代皇帝、太子、亲王的最高等级的礼服仍然是冕服，冕服制度仍然延续唐宋制度，但中间经过几次修改，略有不同。明代皇帝朝服，头戴乌纱翼善冠，但形制较唐代的简单，就是明代定陵出土的万历皇帝的金丝翼善冠的形制（图4-2-6）；身穿盘领窄袖黄袍，前后背心以及两肩以金丝织绣盘龙，这就是明代的"龙袍"（图4-2-7）；束金玉腰带。此外，明代前期，由于皇帝经常亲征，因此穿着武弁服。明代中后期皇帝又穿着一种燕居

知识·小档案

明定陵，位于北京市昌平区，是明十三陵之一，埋葬着明代神宗万历皇帝及其两位皇后。据记载，定陵营建耗费白银八百万两。1956年开始，考古工作者对定陵进行了发掘和清理。进入定陵地宫后，琳琅满目的稀世珍宝震惊了世人，其中万历皇帝的金丝翼善冠和孝端、孝靖二位皇后的凤冠、百子衣都堪称稀世珍宝，其用料之讲究，工艺之精湛，令人叹为观止。

图4-2-6 明万历金丝翼善冠 定陵博物馆藏　　　　图4-2-7 明成祖像 故宫博物院藏

常服，称为"燕弁服"，头戴乌纱，形状如弁，袍服形制模仿古代玄端。

明代皇后礼服为凤冠翟衣。明代后妃的凤冠继承了宋代后妃花冠的形制，但较宋代花冠更加复杂，最初称为"双龙翊凤冠"，后更名"龙凤珠翠冠"。《明史·舆服志》载："冠用皂縠，附以翠博山，上饰金龙一，翊以珠。翠凤二，皆口衔珠滴。前后珠牡丹二，花八蕊，翠叶三十六。珠翠镶花鬓二，珠翠云二十一，翠钿圈一。金宝钿花九，饰以珠。金凤二，口衔珠结。三博鬓，饰以鸾凤。"可谓极尽奢华。由于定陵进行了发掘，我们有幸得见凤冠的真容（图4-2-8）。其他后妃、公主、贵妇的礼服则依礼制递减。除礼服外，皇后还有常服。洪武四年规定，皇后常服真红大袖衣霞帔，红罗长裙，红褙子；永乐三年更定，皇后常服黄衫、深青色霞帔、深青色褙子等。

满清贵族服饰"遵循祖制"，设置一套详尽的规章制度，严禁僭越。清代贵族的服饰与前代不同，主要形制是满式服装的制式，再融入汉族

第四章 特殊的服饰

图4-2-8 明代十二龙凤冠 中国国家博物馆藏

图4-2-9 清代龙袍 故宫博物院藏

文化因素。皇帝的袍服俗称龙袍，除了日常上朝穿着的朝服外，还有衮服等多套礼服，供不同场合穿用。这套繁缛的制度沿袭了前代，但袍服本身有了较大的变化。朝服采用明黄色为底色，沿用了九龙图案，其中正面、背面各一龙，两肩各一龙，还有一龙藏于襟内，传统的十二章纹饰也仍然保留，下摆添加了波涛翻滚的水脚纹饰，寓意"一统山河""四海昇平"；肩部带有云肩式的披领，礼服的衣袖袖端制成马蹄形，用纽扣与袖子相连，称"马蹄袖"，着礼服行礼时，需要把袖口放下，待礼毕，马蹄袖可以解下（图4-2-9）。与朝服配合穿着的还有朝冠。除了正式场合需要穿着的袍服之外，平时亲王、贝勒等皇室成员也可穿着一种常服袍服，这种袍服前后左右各有一开衩，其他规定不严格。朝觐 觐，读jìn，朝见君王。时穿着的朝服，也称补服，同样是四面开衩，胸前、背后、两件绣有圆形的补子。还有一种出行穿着的外衣，称为行袍，这种袍服的大襟右下角短去一尺，因此又称缺襟袍。缺襟袍的设计是为了骑马时上马方便，而不骑马时，则可以用纽扣将缺的部分扣上，这样便与日常的袍服相似了。此外，需要介绍的是，由于清代主要实行秘密立储制度，没有名义上的太子，因此较前代少了太子服饰的规制。

皇后、嫔妃 <mark>嫔，读pín，皇帝的配偶，等级低于皇后和妃。</mark> 在典礼时则穿着朝褂或朝袍，朝褂无袖，朝袍形制则与龙袍相似。由于满族女性有留长指甲和用凤仙花染指甲的习俗，因此，为了保护指甲，清代的后妃还需佩戴用金银打造的指甲套，以保护指甲，防止磨损。后妃平时则佩戴旗头，穿着旗袍（图4-2-10）。

图4-2-10 穿旗袍、戴护指的慈禧太后

3. 古代官员穿什么？

官吏从事政府工作，管理全国或地方事务。古代官吏获取民众公信力的方式除了运用权力以外，还需要有专门的官吏服饰表现身份。

商周时期，官员的来源往往是贵族，贵族家族几乎垄断了神权、王权，而只有极少数的平民得到拔擢。商周时期的官员设置也比较原始，除了分封的爵位之外，大多数官员的设置不是管理生民，而是勤劳王事。例如周礼记载，有为周王管理田猎山林的，还有为周王管理衣服、弓箭、马匹、车舆的，这些人均从周王近臣中世代承袭。例如著名的陕西扶风庄白村青铜器窖藏，其中许多青铜器上铸造了长篇铭文。根据铭文记载，这批青铜器属于西周时期"微史"家族，而这批青铜器是这个家族几代人流传下来的，这几代人都是周王的近臣，为周王服务。可以认为，商周时期的官吏服饰，大多等同于贵族服饰。

商代著名的妇好墓中出土了几件玉器，为我们提供了当时官吏的

形象。其中一件玉人像（图4-3-1），头戴正面宽侧面尖的筒形帽，身穿右衽窄袖袍服，衣长及膝，腹下悬一条蔽膝，脚上似乎穿靴。这大约就是当时贵族或官员的形象了。

周代官员的朝服在《周礼》中有记载，即头戴委貌冠，身穿玄端，这在上一节有介绍。由于当时衣服上没有纽扣，因此衣服需要用带束紧。周代朝服腰上束宽大的丝带，即"绅 绅，读shēn，就是丝带。"，所谓"搢 搢，读jìn，插的意思。绅"，就是将上朝时手持的笏板插在腰带上，因此后世将"搢绅"一词作为官员的代名词。后来随着赵国引进胡服，胡服的样式在北方流传开来，胡服配套的皮质鞶带流行起来，取代了绅的位置。这种鞶 鞶，读pán。带上嵌有金属带扣，精妙美观，穿戴时用带钩钩紧两端，较为方便。

图4-3-1 玉人像 安阳殷墟妇好墓出土

因为秦人认为秦代以水德统一天下，因此秦代官吏通常穿黑色袍服。关于秦代官吏的服饰制度，史籍中记载不多，但有幸的是考古发现令我们得以一窥秦代文武官吏的日常穿着。从文官俑来看，秦代低级文职官员一般佩戴长冠，穿着及膝的袍，腿上穿套裤，腰带上还悬挂砺石、削刀等文具，代表了"刀笔吏"的形象（图4-3-2）。

汉代官吏朝服仍然流行深衣式的服装。《后汉书·舆服志》记载，官员服饰仍然是深衣形制，还有袍服，衣服的颜色按照时节不同替换，从高官到小吏都是如此。禅衣和黑色领子、袖子的内衬衣，作为朝服穿着。汉代官吏上班时需要戴冠，汉代官吏的冠名

图4-3-2 秦代文官俑 西安秦始皇陵出土

目众多，形制各异，不同的官吏佩戴不同的冠。《后汉书·舆服志》中记载有以下几种：高山冠，又名侧注，中外官、谒者、仆射佩戴；进贤冠，汉以前称缁布冠，文人儒者士佩戴；公侯之冠有三梁，中二千石以下至博士两梁，自博士以下至小史私学弟子一梁。宗室刘氏也戴两梁冠。还有建华冠、方山冠、巧士冠、却非冠等。此外，汉代的官员需要随身佩戴印绶、刚卯、佩刀等物品，也有明确的等级规定。印绶制度是汉代区分官员等级的重要制度，汉代官员在正式场合需要将代表自己官职的印章装在锦囊内，随身佩戴。不同等级的官员所佩戴的印章，材质、印钮形状都是不同的，规定帝后用螭虎钮，官员们的印章根据规定有龟钮、鱼钮、橐驼钮等。印章的印钮上要扎丝带，即绶，绶要露在锦囊外，以显示等级。根据记载，绶带的色泽、面料都有规定：皇帝、太皇太后、皇太后、皇后佩戴黄赤绶，诸侯王、长公主、贵人佩戴绶，诸王贵人、相国佩戴绿绶，公、侯、将军佩戴紫绶，九卿、两千石以上官员佩青绶，一千石、六百石官员佩黑绶，两百石以上官员佩黄绶，百石以上官员佩青绀绶。陕西咸阳韩家湾出土的"皇后之玺"（图4-3-3），是迄今为止发现的级别最高的汉代印章，这枚印章的印钮就是螭虎钮。

卯，读mǎo，刚卯，是汉代流行的一种玉饰品。

螭，读chī，螭虎，传说中身体弯曲如龙的虎。

橐，读tuó，橐驼，就是骆驼。

图4-3-3 汉代"皇后之玺" 陕西历史博物馆藏

魏晋基本仍然沿用汉代的官吏服制，变化不大。在湖南长沙出土的西晋俑中（图4-3-4），文吏和武士都佩戴高帽，穿着长袍；而南京出土的东晋武士俑，则佩戴平上帻，穿着交领长袍。《晋书·五行志》记载："孝怀帝永嘉中，士大夫竞服生笺（笺，读jiān，生笺，就是白色的绸布。）单衣"。可见禅衣式的服饰仍然为当时流行的官吏服饰。这一时期官员还流行戴一种"笼冠"。北朝则主要流行裤褶服，不论文武官员都要常穿着。裤褶服上身穿着裲当，下身裤腿宽肥，这在前面也已经介绍过。南朝官员服饰后来也逐渐受到影响，开始穿着裤褶服。裤褶服可以看作汉式袍服与北方民族服融合的产物，其形制对后世服饰的影响很大，隋唐以后，汉代及以前的深衣式袍服日渐式微，同时带扣式衣带也逐渐减少，服装上开始流行蹀躞（蹀躞，读dié xiè，小步行走的意思。）带、襻（襻，读pàn，古代衣服上用来套纽扣的套。）扣等。

隋唐时期官吏制服主要是圆领长袍，《新唐书·车服志》记载，"五品以上……公服……冠帻缨，簪导，绛纱单衣，白裙、襦，革带钩䙆（䙆，读lí，这里指身上围的巾。），假带，方心，韈（韈，读wà，就是袜子。），履，纷，鞶（鞶，读pán，皮革制成的大带。）囊，双佩，乌皮履。六品以下去纷、鞶囊、双佩。"而文武官员朝服则戴进贤冠，以冠上梁数区分品级："三品以上三梁，五品以上两梁，九品以上

图4-3-4 晋代书吏对书俑 湖南省博物馆藏

及国官一梁"。执法官员如御史等仍然佩戴法冠，高山冠、委貌冠、却非冠等也仍然被继续沿用。除此以外，官吏还常佩戴软脚幞头。群臣礼服则沿用和改进《周礼》制度，一品穿衮冕，服饰九章；二品穿鷩冕，服饰七章；三品穿毳冕，服饰五章；四品穿絺冕，服饰三章；五

品穿玄冕，服饰无章；六品以下九品以上穿爵弁。五代时期的官吏服饰主要沿用唐代的规制。唐高宗以后，官员还要佩戴一种饰品，名为"鱼袋"。这种鱼袋中装有一件鱼形符，规定三品以上佩戴金鱼符，五品以上佩戴银鱼符，鱼符一分为二，一半存于朝廷，一半佩戴，官员任免时两半符合以为凭证。武则天时期，一度改鱼符为龟符，唐中宗之后又复鱼符。服装上佩戴的蹀躞带带銙也有规定，二品以上用金，六品以上用犀角，九品以上用银。隋唐官吏服饰可以观察唐代的一些文物，特别是盛唐时期流行于墓葬中的三彩陶俑（图4-3-5）。文官多戴高冠，服交领长袍，双手互拱，或持笏板；武官有的佩戴兜鍪，穿着明光铠，有的则佩戴武弁，穿着单衣。

> 笏，读hù，古代官员上朝时手里拿的记事板。

图4-3-5 唐代的文官和武士俑 西安唐墓出土　　图4-3-6 戴通天冠和方心曲领的宋皇

宋代官吏常服仍然沿用唐代的服饰制度。宋代官吏出席重要祭祀等典礼的礼服仍然沿用唐制，仅仅略有改动，例如在礼服领上加一件方心曲领，用以压服礼服使其帖服，方心曲领表示"天圆地方"（图4-3-6）。宋代朝服仍然佩戴进贤冠，以梁数作为区分品级的标准。《宋史·舆服志》载："公服。凡朝服谓之具服，公服从省，今谓之常服。宋因唐制，三品以上服紫，五品以上服朱，七品以上服绿，九品以上服青。其制，曲领大袖，下施横襕，束以革带，帕头，乌皮靴。自王公至一命之士，通服之。"此外，宋代官员常服还有一种借色制度，即一些外放官员可以穿戴较其品级高的服色。宋代官员服饰与前代官员也有许多不同之处。宋代官员常服头戴幞(幞，读fú。)头，但幞头的形式与唐代的软脚幞头不同。《宋史·舆服志》载："国朝之制，君臣通服平脚，乘舆或服上曲焉。其初以藤织草巾子为里，纱为表，而涂以漆。后惟以漆为坚，去其藤里，前为一折，平施两脚，以铁为之"，就是展脚幞头，后面两脚直长，向两侧延伸。据说宋太祖意欲防止群臣上朝时交头接耳，因此发明了这种幞头，示意群臣应当仪态端正，公允持平。在江苏泰州的一座宋代官员墓葬中，出土了这种幞头的实物（图4-3-7）。

图4-3-7 宋代幞头 泰州博物馆藏

辽代官吏的服装非常有特点。契丹辽占据了燕云十六州，这些地区生活的人民基本上都是汉人。契丹辽创造了分别治理的政治系统，采取了"以国制治契丹，以汉制待汉人"的政策，成立南北面官制，即契丹传统地区采用契丹人的传统官制，而治下的汉人聚居地，则采用汉族的传统官制。在这种政策下，契丹辽就具有两套官制，契丹官员穿着契丹式的长袍，汉官礼服仍然沿用进贤冠，常服与宋相似。

金代官员礼服同样是进贤冠、长袍；常服同样借鉴了唐宋以服色区分等级的传统，并加以创新。金代规定，文官朝服五品以上服紫，七品以上服绯，九品以上服绿；同时服饰面料的绣花也成为区别身份的标志：三公、三师、宰相、亲王服大独科花罗，执政官服小独科花罗，二三品服散答花罗，四五品服小杂花罗，六七品服芝麻罗，八九品服无纹罗。所谓"科"，即"窠(窠，读kē，像鸟窝一样圆圆的一团的样子。)"，就是团花的意思。这种团花图案可能受到北朝隋唐以来连珠纹锦图案的影响。金代官员服饰还延续了唐代官员的佩鱼袋和系带制度。

元代官员公服沿用了宋、金制度，服色同样是五品以上服紫，七品以上服绯，九品以上服绿。一品绣大独科花，径五寸；二品绣小独科花，径三寸；三品绣散答花，径二寸，无枝叶；四五品小杂花，径一寸五分；六七品绣小杂花，径一寸；八九品无绣花。这里更加详细地规定了绣花的尺寸。穿着公服还要佩戴展脚幞头，与宋代展脚幞头基本一致。礼服则是各色的质孙服，即头戴嵌宝石钹（钹，读bó，铜质圆形的打击乐器，两个圆铜片，中心鼓起成半球形。）笠帽，穿那石失锦蒙古袍。

明代官员参与祭典，需要穿着祭服。明代开国，朱元璋认为古制过于繁琐，因此不采用古代的五冕制，官员祭服部分品级，均为青罗上衣、赤罗裳、白纱中单，佩戴进贤冠，仍然以冠梁区分品级。公服为日常办公和上朝的服制，以服色区分品级，四品以上服绯，七品以上服青，九品以上服绿，同时也按照品级织绣花纹。袍服外系大带，也有等级规定。明代公服还有一个非常重要的制度，就是补子。所谓补子，就是在服装胸前和背后各缝制一块方形锦缎，其上文官绣飞禽，武官绣走兽，根据官员的品级，所绣的禽兽也不同，规定如下：

公、侯、伯、驸马：麒麟（麒麟，读qí lín，一种传说中的动物，常被用来当作吉祥的象征。）、白泽；

文官：一品仙鹤，二品锦鸡，三品孔雀，四品云雁，五品白鹇，六品鹭鸶，七品鸂鶒（鸂鶒，读xī chì，一种水鸟），八品黄鹂，九品鹌鹑（鹌鹑，读ān chún，一种小鸟。）；

武官：一品、二品狮子，三品、四品虎豹，五品熊罴（罴，读pí，一种传说中像熊的动物。），六品、七品彪，八品犀牛，九品海马；

杂职：练鹊；

知识小档案

獬豸，是古人想象中的一种动物，只有在国家安定太平时才会出现，是一种祥瑞的象征。传说獬豸头上有一角，能够分辨善恶曲直，如果两人发生争执，獬豸就会用角去顶无理的一方。因此，这种神兽就成了公正无私的执法者的象征，后世的执法官员，或佩戴獬豸冠，或穿着绣有獬豸图案的补服。

风宪官：獬豸 獬豸，读xiè zhì。；

此外，还有补子上绣所谓"蟒 蟒，读mǎng，一种大蛇。""斗牛""飞鱼"，是一些外形似龙的动物形象，用于赐予特别恩宠的臣子。

明代官员着公服时佩戴乌纱帽。所谓乌纱帽，形制继承唐宋时期的幞头，没有棱角，帽后两侧各一椭圆形帽翅，以篾丝编框，外裱乌纱，因而得名。

明代命妇参加典礼时要穿着凤冠霞帔 帔，读pèi。。命妇的凤冠其实并无凤，只许使用翟装饰，但形制是模仿皇后凤冠制定的，只是其上的装饰较皇后凤冠少。《格致镜原》记载："今命妇衣外以织文一幅，前后如其衣长，中分而前两开之，在肩背之间，谓之霞帔"。霞帔在宋代就已经用于后妃礼服，到明代时有了明确的规制。霞帔上也有补子，补子上绣何种禽兽由命妇的丈夫或儿子的品级决定。霞帔在清代仍然是命妇礼服，不同的是加于满式袍褂之外（图4-3-8）。

图4-3-8 明代着朝服的官员和命妇

清代官员公服朝服都是袍，一般底色是深蓝色或黑色，里面是一件满式长袍，官员左右两面开衩，亲王、贝勒等前后也开衩，袍长至脚面，一脚也有水脚纹饰。袍外穿着补服，也称补褂，形制是对襟，袖长至肘，露出内衬袍服的长袖，补褂的前胸后背各一块补子，补子上的禽兽图案基本与明代相似，略有改动，官员用方补，亲王、贝勒用圆补。穿朝服还要戴朝冠，秋冬为暖帽，春夏为喇叭状帽，帽顶有顶座，座上根据官员品级安装一枚不同的宝石，即顶戴；另外，座上还有翎管，亲王多佩戴蓝翎，有重大功绩者赏戴孔雀翎，即花翎，花翎以翎尾的眼区别，有单眼、双眼、三眼，眼多者为贵。

> 翎，读 líng，鸟尾巴上长而硬的羽毛。

顶戴花翎也显示了清代官员的品级。此外，清代的帝后、官员朝服外还要佩戴朝珠。朝珠为一串佛珠式的串珠，根据等级身份的不同用东珠、珊瑚、琥珀等制作，共108颗，每27颗间插入一颗大珠，两侧还有三小串串珠名为"纪念"，一边一串，另一边两串，另外有一串珠垂於背，称背云。男女的佩戴方式相反，两串在左一串在右为男，两串在右一串在左为女。满人入关之前是善于骑马狩猎的民族，因此其传统服饰中马褂、箭袖袍衫等占有重要的地位。清朝的官服为补褂，褂长过膝，对襟，袖仅过肘，前后按照官职各缀补子一块，补子文官用禽，武官用兽，套于长袍之外（图4-3-9）。

图4-3-9 着朝服的清代官员（关天培）

另外，清代还有一种特殊的黄马褂，显示穿着者身受荣宠。黄马褂采用明黄色或金黄色，与朝褂长短类似。使用者分为两类，一类为例准穿着，如御前大臣、侍卫长，另一类为赏赐黄马褂，皇帝用于赏赐具有重大功勋的大臣勋戚，如清末左宗棠、李鸿章等均受过赏赐。

4. 古代小孩穿什么？

我国古代关于儿童服饰的记载不算太多，究其原因，可能是因为在成年之前，儿童参加重大的典礼、祭祀的机会不多，因此对于服饰的等级或讲究并不严格。我们今天可以通过古代诗词等文学作品、考古发现的文物来认识。

两周时期的《诗经》，便有关于儿童衣着服饰的描写。例如《国风·卫风·芄兰》："芄兰之支，童子佩觿〔觿，读xī，一种玉器，角形〕。……容兮遂兮，垂带悸〔悸，读jì，心里慌张〕兮。芄兰之叶，童子佩韘〔韘，读shè，一种玉器，俗称"扳指"〕……"。觿和韘，是两种形状不同的玉佩。通过这段描写，我们知道，古代的贵族童子与成人一样，也有佩戴玉佩的习惯。再如《国风·齐风·甫田》："婉兮娈〔娈，读luán，美好的意思〕兮。总角丱〔丱，读guàn，指辫子扎成角形〕兮。未几见兮，突而弁兮"，这是说，在未成年时，男女儿童头上都不佩戴冠帽或头饰，在脑后左右各扎一辫，如同两角，就是所谓"总角"，待到二十岁，男子就要束起头发，带上冠帽，以示成年。

汉代的一些文物上，我们也可以看到儿童的服饰穿着。例如，汉代的画像石中，有许多与儿童有关的题材。

首先，是一些传统故事，例如，周公辅成王。在描写这个故事的画像石中，年幼的成王头戴王冠，身着长袍，只是身量较周围的成年人低。画像石的作者显然更注重使用与成年人相同的衣着来表现周天子的尊贵，而不是突出其年幼的特征。而孔子见老子故事中，孔子和

知识小档案

传说，周武王平定天下后不久就去世了，由年幼的儿子继位，即周成王。周成王刚即位，周公作为其叔父，在朝中已经具有很高的威信，但他并未有非分之想，反而忠心耿耿地辅佐成王。据说上朝时，周公背着周成王上殿。后来成王长大成人，可以处理朝政，于是周公将朝政大权交还给成王。后世把周公忠心不二的品质作为典范，广为流传。

老子之间经常有一位儿童，有些学者认为这位儿童就是《战国策》中记载的七岁而为孔子之师的项橐（橐，读tuó）。与周公辅成王故事不同，作者更加突出地表现这位儿童的特点：他手持玩具，头上未戴冠帽，而是自然下垂，不是"总角"的形象，更接近陶渊明《桃花源记》里描写的"垂髫（髫，读tiáo，垂下的头发。）"的特点（图4-4-1）。

图4-4-1 周成王（左中）和项橐（右中）山东出土画像石

知识小档案

项橐是春秋时鲁国的一位神童，据说他从小便知书识字，聪慧过人。项橐七岁时，和同伴在路边用泥土盖了一座小城，这时，孔子坐车路过，其他孩子看见车，便避让开。而项橐则视而不见。孔子问项橐："你为什么不避开？"项橐回答："我只听说过车绕开城走的，没听说过城绕开车的。"孔子感到惊奇，于是向项橐问了许多问题，项橐一一对答如流。孔子十分佩服，于是拜项橐为师。

其次，还有一些画像石表现的是墓葬中早年夭折的年幼的墓主人的形象，或是成年墓主生前的生活场景，前者例如山东地区出土的王阿命祠堂画像石、河南地区出土的许阿瞿墓志画像石（图4-4-2），两个夭折的幼童都端坐于榻（榻，读tà，一种矮床。），其中一位发式为总角，另一位为垂髫；后者则见于江苏邳（邳，读pī。）县汉墓出土的画像石（图4-4-3），这件画像石表现的是几个儿童在树下玩耍的情景，可

图4-4-2 王阿命（左）和许阿瞿（右）画像石

以看出，他们身穿窄袖上衣和通裆裤，有的后脑梳一小鬏〔鬏，读jiū，头发盘成的小结。〕，有的似乎是光头。显然，从汉代开始，儿童的发型服饰的种类已经有很多了。

魏晋南北朝时期也有一些传世或考古发现的儿童形象。西晋文学家左思作《娇女诗》，传神地描写了其两个小女儿"纨素"和"蕙〔蕙，读huì，一种香草。〕芳"的天真娇媚之态，"……鬓发覆广额，双耳似连璧。明朝弄梳台，黛眉类扫迹。浓

图4-4-3 儿童嬉戏画像石 江苏邳县汉墓出土

知识小档案

左思，字太冲，是晋代著名的文学家。传说他其貌不扬，不善言语，但才华横溢，他的作品《三都赋》因为言辞华丽、气势雄浑被人们称赞。传说当时洛阳地区的人们纷纷买纸抄写《三都赋》，导致一段时间内洛阳的纸张供不应求，价格高涨。这就是我们今天成语"洛阳纸贵"的典故。

107

朱衍丹唇，黄吻烂漫赤……其姊字蕙芳，面目粲如画。动为垆钲

<mark>垆钲，读lú zhēng，垆，指土台子；钲，指中间部分，意思就是女孩子脚碰到土台子的中间部分，然后缩回来。</mark>

屈，屐履任之适……脂腻漫白袖，烟熏染阿锡。"看来，一些爱美的小姑娘也已经与成年女性一样，适当地化一些妆了。这一时期我们能看到的图像材料主要来自于墓葬。例如在甘肃嘉峪关和敦煌等地墓葬中出土的画像砖上，常见的题材是生活场景，因此自然也少不了儿童的形象；另外，和汉代画像石的贤孝故事题材有着传承关系，魏晋南北朝石棺、石棺床等也经常雕刻一些贤孝故事，其中一些也有儿童的形象表现（图4-4-4）。这一时期，儿童的发式似乎仍然常用总角或是光头，儿童仍然常着窄袖上衣和筒裤，便于跑跳活动，也已经开始穿着肚兜作为内衣。三国时期吴国将军朱然墓中出土的漆盘上便绘有一对对棍玩耍的童子，二童子上身穿肚兜，下身未穿裤，赤脚（图4-4-5）。而敦煌佛爷庙湾魏晋墓画像砖的母子嬉戏图中，骑竹马的幼儿下身未着衣物，更显得天真烂漫（图4-4-6）。

图4-4-4 石棺床上的儿童图像 大同市北朝艺术博物馆藏

图4-4-6 母子嬉戏图 甘肃敦煌魏晋墓出土

图4-4-5 漆盘上的对棍童子图 马鞍山市博物馆藏

如果说前代儿童形象的资料不算太多，那么从唐代开始，这一现象发生了很大的变化。唐代以后，以儿童为主题的文学作品和艺术品开始大量出现，这显然与以前大多数情况下儿童只作为整个画面或叙事的陪衬的情况大不相同。这背后的原因非常耐人寻味，也许从唐代开始，社会越来越重视对儿童的培养和教育，并将儿童也看作社会中的重要成员；另一方面，多子多福的观念逐渐开始流行于社会，以儿童为主题的日常用品寄托了人们对于儿童的喜爱，同时白胖健康的儿童也被赋予吉祥的寓意，被用作装饰图案。唐代诗人路延德的《小儿诗》，非常详细地描写了唐代儿童的形象："……长发才覆额，分角渐垂肩……锡镜当胸挂，银珠对耳悬。头依苍鹘裹，袖学柘枝揎……宝箧（箧，读qiè，盒子、箱子。）拏（拏，读ná，同"拿"。）红豆，妆奁（奁，读lián，指装化妆品的小盒。）拾翠钿。戏袍披按褥（褥，读rù，睡觉时垫在身下的织物。），劣帽戴靴毡。"根据诗人描写，儿童仍然梳总角式的发型，小女孩也佩戴镜、钗钿、耳坠等，穿着小袍，佩戴毡帽。唐代的传世绘画也有不少儿童的形象。唐代宫廷画家张萱的笔下，有一些小女孩的形象，仅仅是身量较小，但是穿着打扮与成人却并无不同，如《虢（虢，读guó。）

图4-4-7 唐代画作中的小女孩《虢国夫人游春图》（左）局部；《捣练图》局部（右）

109

国夫人游春图》中的贵族少女（图4-4-7左），头发梳成倭堕
倭堕，读wō duò。髻，着小袖红襦白长裙，脚穿一双红色尖头鞋；《捣练图》中
的小宫女则头梳高髻，身着长袖翻领
长衣，腰系带，下身撒花裙，脚穿一双
尖头鞋（图4-4-7右）。而新疆吐
鲁番地区出土一幅唐代屏风绢画，
有儿童嬉戏的场景（图4-4-8）。
儿童光头，露出头皮，仅前额留一
撮头发。身上穿着一种与现在背带
裤非常相似的衣服，衣服的布料装
饰红黄蓝三色条纹，这种"背带
裤"应当来自于古代波斯地区；脚
上穿一双尖头红鞋，搭配非常鲜明
时尚。敦煌地区出土的佛教绢画中

图4-4-8 儿童嬉戏图 新疆吐鲁番阿斯塔那唐墓出土

的化生童子的形象，童子多穿着类似现代的背心式的"裲裲，读liǎng。
裆"，下身袒露，发型也比较独特，光头，分别在前额和脑后各梳一条
小辫。

　　当然，除了绢本画作之外，我们今天还能看到的一类古代画作是
壁画。唐代壁画在全国范围内保存较多的，当属敦煌地区的佛教洞
窟。由于长时间的风沙掩埋等各种原因，敦煌石窟中留存的壁画数量
很多，而且很多至今颜色鲜明，保存完好，为我们打开了一扇了解唐
代社会生活百态的窗口。在壁画中，儿童也是不可或缺的角色。儿童
在佛教壁画中的主要身份，大体可以分为三类。第一类是佛陀、菩萨
身边的童子，例如莫高窟328窟的莲花化生童子（图4-4-9）、197窟
的礼佛童子，79窟的礼佛童子更为有趣，几个童子在佛的身旁做出各
种杂技动作，颇有娱神之意味。第二类是作为供养人形象出现的，如
莫高窟138窟的供养人母子。第三类是作为因缘、本生故事中的相关

图4-4-9 莲花化生童子 敦煌莫高窟出土

人物出现，如莫高窟112窟的群童采花图、217窟的群童叠罗汉图、148窟的二童子奏乐图等。（图4-4-10）丰富的壁画资料启示我们唐代儿童的装束是非常多样的，除了常见的肚兜围嘴，也有窄袖上衣和长裤搭配穿着的，上述莫高窟138窟的供养人中，由母亲怀抱的幼儿，

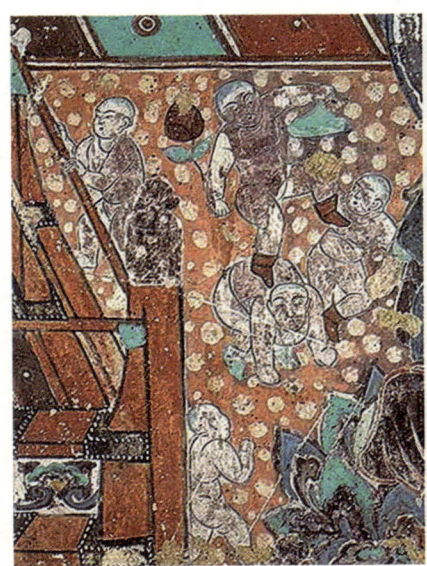

图4-4-10 莫高窟壁画中的唐代儿童：群童采花图（右上，112窟）；
群童叠罗汉图（左，217窟）；童子奏乐图（右下，148窟）

111

身穿红底碎花肚兜和白地碎花长裤，而母亲身边的稍大的儿童则穿着一件红底碎花对襟长袄；148窟二童子奏乐图中，一位童子身着黑色蓝背带的"背带裤"，另一位身着长略过膝盖的胡服式长衣，脚穿皂色尖头靴。而关于儿童的发型，我们可以发现，光头或仅留一撮头发梳成辫的发型比较流行，此外还有112窟中一些童子所梳的总角式双髻，或者79窟中一些童子的披发发型除了画作之外，出土的文物上也有很多儿

图4-4-11 襁褓婴儿俑（左）和儿童杂技俑（右）西安唐墓出土

童的形象。西安韩森寨唐墓出土一件婴儿俑，婴儿围于襁褓之中，襁褓俑三条横向布带包扎，头戴虎头帽，面目清秀（图4-4-11左）。西安南郊唐墓中出土的一件三彩儿童杂技俑更是表现儿童形象的精品，一位胡人杂技者头顶六位杂技儿童，衣着五彩斑斓 斓，读lán，色彩绚丽的样子。 ，都是连衣长裤，光头光脚（图4-4-11右）。

继唐代之后，中国经历了五代十国的动荡后，进入宋代。宋代是儒学传统复兴的时代，同时又是商品经济发展的时代。在这些因素的共同影响下，宋代的社会生活发生了非常大的变化。这不仅在儿童服饰上有体现，而且也体现在对于儿童题材更加广泛的应用上。儿童形象进一步被作为祈求家族兴旺、多子多福的表现，因此与唐代不同的是，宋代市井儿童的形象大量增多，取代了唐代以宗教童子为主的儿童形象表达方式，同时，宗教的世俗化也在逐渐弥合市井儿童和宗教童子形象的差异，使儿童形象逐渐开始兼备两种身份下的含义。此外，根据记载，宋代人在七夕时喜欢使用一种叫"磨合罗"的偶人供奉牛郎织女以"乞巧"或祈求多子多福，这种偶人的形象也是儿童。

> **知识·小档案**
>
> 磨合罗，也叫"摩喝乐"，是梵文音译。磨合罗是佛教创始者释迦牟尼的儿子，唐宋时期在中国逐渐演变成一种用土或木头制作的小男孩形的偶人。传说宋代七夕节时家家都要供奉这种小偶人，祈求多子多孙。

首先，值得关注的是宋代大量出现的儿童题材画作。毋庸置疑，这显然是社会以儿童为吉祥喜庆象征思想的直接表现。目前传世的宋代画作中，仅名称为"婴戏图"的就有十余幅，其中较为著名的有苏汉臣作的《秋庭戏婴图》《冬日婴戏图》，李嵩作的《市担婴戏图》等；以儿童为题材的画作更是数量庞大，如苏汉臣作的《长春百子图》《开泰图》《杂技戏孩图》《百子欢歌图》，李嵩的《货郎图》等，真可谓不胜枚举。在众多的传世画作中，儿童的服饰显然不尽相同，甚至可以说是多姿多彩。首先不同社会阶层家庭的儿童，穿着不同，例如苏汉臣画作中的儿童大多以仕宦或读书人家的儿童为"模特"，因此其画作中的儿童大多穿着色彩鲜艳，用料讲究，儿童嬉戏的环境也多为园林等场所。这类儿童的服饰十分多样，发型除了常见的光头和前额一绺外，还有很多留长发，并扎成各式各样的发辫或发髻的，还有头戴红绳、抹额等装饰的；服装上看，有着对襟长衫、右衽长衫的，还有着背子、肚兜的，而根据衣着的不同搭配穿履或长靴。而李嵩画作中的儿童显然多来自于平民乃至贫苦人家，因此儿童穿着朴素，甚至有些衣衫褴褛的感觉，而儿童嬉戏的场所显然是市井或者乡下。这些儿童主要穿着麻布短衣，发型也较少，主要是光头前额一绺头发或后脑双辫，甚至还有蓬头披发的（图4-4-12）。

较宋代画作传世更多的文物，当属宋代瓷器。瓷器制造业在宋代达到完善和成熟，各大窑口分别探索不同的瓷器烧制技术，逐渐形成了不同的窑系，在此基础上还形成了许多著名的窑址。因此，宋代传

图4-4-12 宋代画作中的儿童

世或出土的瓷器不仅数量多，种类多，其中还不乏精品。在这个背景下，儿童图案题材的瓷器产品的数量也十分可观。据研究，最早采用儿童图像的瓷器是唐代的长沙窑等窑口，但数量并不多。宋代各大窑口几乎都生产过儿童图案题材的瓷器，特别是磁州窑、耀州窑等主要面向民间烧制产品的窑口，这类产品的数量更多。儿童题材的瓷器主要是刻画婴戏图的瓷器，其中又以瓷枕数量最多。瓷枕是宋代人们生活中的常用物品，将这类婴戏图描绘于其上，显然含有强烈的祈福含义，希望子孙繁衍，家族兴旺。其中，磁州窑的瓷枕主要采用白地黑彩的方式绘制图案，或以白地刻花的方式刻出线刻式的图案；其他窑口还有一些精品瓷枕，直接做成儿童的形状，这种瓷枕采用的工艺更加复杂，不乏精品，例如定窑烧制的孩儿枕。宋代瓷器上的儿童形象也非常多样，有一名儿童，也有多名儿童嬉戏的图像。与画作中的儿童形象相似，瓷器上的儿童同样生动活泼，充满生活气息，有着肚兜、对襟褂、右衽袍的，有穿"犊鼻裈〔裈，读kūn，就是短裤。〕"式短裤、连裆长裤的，有光头、披发，也有扎双髻的（图4-4-13）。

> **知识小档案**
>
> 宋代的人们非常喜爱瓷器，因此宋代的制瓷工艺非常发达，几乎全国各地都有成规模的瓷窑生产瓷器。宋代最著名的瓷窑有五个，即钧、汝、官、哥、定窑，此外江西景德镇窑、河北磁州窑、福建建窑、陕西耀州窑生产的瓷器也非常受欢迎。这些瓷器代表了宋代瓷器制造业的辉煌成就。

在宋朝工艺品儿童形象大量增多的影响下，周边少数民族政权统

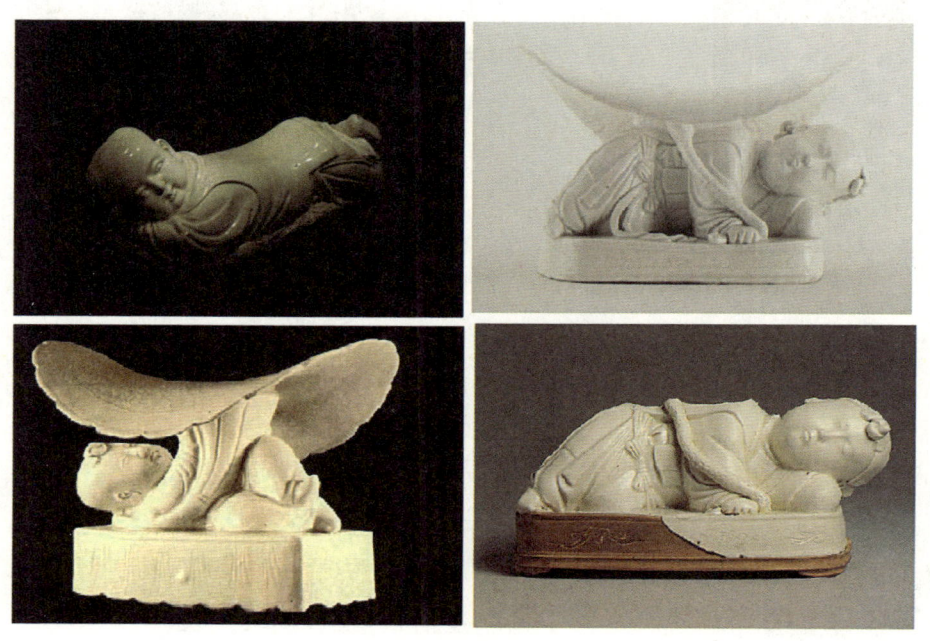

图4-4-13 宋代的孩儿枕

治下的物品也出现了一些儿童形象。金统治之下的北方地区，磁州窑的瓷器仍然十分繁荣，绘有儿童形象的瓷枕仍然十分流行，可见这类婴戏图案的瓷枕仍然受到北方汉族人们的喜爱。西夏的儿童形象在敦煌地区的一些洞窟壁画中可以看到。如榆林窟29窟的供养童子像，供养童子前额留发一绺，上身着大红色圆领衣，袖长仅到肘部，袖口翻折，手上戴一对臂钏，下身赤裸，足蹬一双麻鞋，双手合十，表情虔诚；榆林窟3窟中的善财童子像，童子前额一绺头发分成两叉，颈上戴项圈一个，身材丰腴；最典型的是莫高窟97窟的一对飞天童子像，两童子的形象十分独特，发型都是髡发，仅在耳后留一绺长发，身上穿着的服饰非常特殊，上身为带背带的裲裆衫，下身为开衩短裙，其形制与今天女性的连衣裙非常相似，其上装饰大朵花纹，腰部束带，富有民族色彩（图4-4-14）。

图4-4-14 敦煌石窟壁画中的西夏儿童 榆林窟29窟（左）、榆林窟3窟（中）、莫高窟97窟（右）

元代也有少量"婴戏图"画作，存世的有同一作者作的《夏景婴戏图》《秋景婴戏图》《冬景婴戏图》系列，《春景婴戏图》下落不明，作者已佚。图中儿童衣着发型与宋代婴戏图相似（图4-4-15）。另外还有一件传世画作《一气同胞图》，图中儿童围坐吃包子，几个儿童的穿着富有蒙古人特色，均身穿蒙古式袍，外罩皮褂，足蹬长靴，头戴皮毛围额，围额下可以看到儿童的发型，有的前额留发一绺，有的在脑后留一条长辫。

明清时代距今较近，因此无论是文献资料还是存世文物的数量都比较多。明清时代最常使用儿童题材的是瓷器。我们知道，明清时期婴戏题材在瓷器上，特别是民窑瓷器上，包括青花瓷、粉彩、斗彩等瓷器类型，在器形上也有碗、盘、罐等。这一时期瓷器上婴戏图的特点是儿童的数量明显增多，题材逐渐与画作婴戏图的内容相接近，由宋代瓷器上一两位儿童嬉戏渐变为多位儿童成组出现，情态各异。婴戏图瓷器数量非常庞大，甚至学者们可以依据瓷器上婴戏图中儿童的形象特征来为瓷器断代。为什么会出现这种现象？究其原因，瓷器作为日常生活用具和摆件，确实容易渗透民俗的影响，人们喜欢把多子多福、吉祥如意的寓意表现在生活中常见、常能触碰到的物件上，希望好运常在。瓷器上的儿童形象较为统一，多数为光头，前额留发一绺或两耳各梳总角式发辫一个，更加强调儿童的童趣。这一时期画作也有大量的儿童题材出现。明代唐寅、夏葵、陈洪绶，清代姚文瀚（瀚，读hàn）、金廷标、焦秉（秉，读bǐng）贞等都有画作传世，数

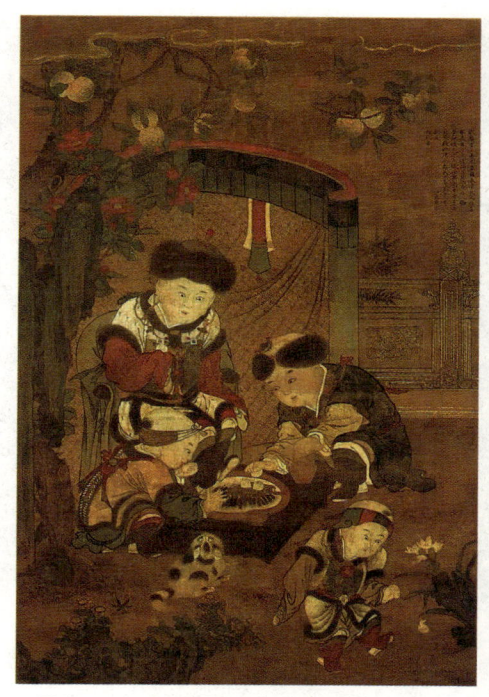

图4-4-15 元代画作中的儿童《夏景婴戏图》（左）、一气同胞图（右）

知识·小·档案

青花瓷，元代开始正式出现，用一种深蓝色的颜料在白底上绘制图案，然后再上釉烧成。粉彩，是在上好釉的素面瓷器上用彩色颜料绘制图案，再放入窑内烧制。斗彩，则是在上釉前先在白底上绘制部分图案，然后上釉烧制一次，然后再绘制另一部分图案，再入窑烧制。因此，青花瓷属于釉下彩瓷，粉彩属于釉上彩瓷，斗彩则综合了两种工艺。

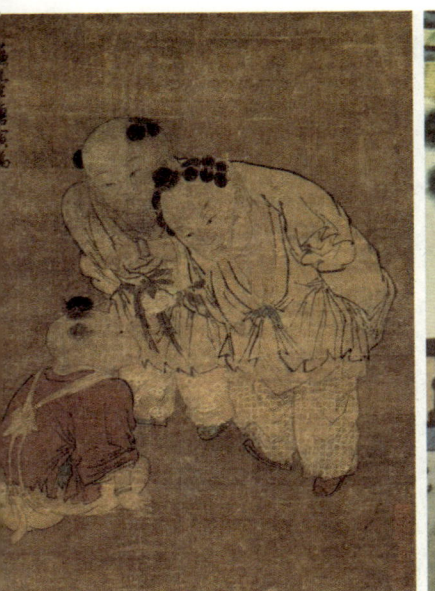

图4-4-16 《婴戏图》唐寅作

图4-4-17 清代年画《富贵满堂》（局部）

量较多。这些画作也多题名"婴戏图"，采用的题材仍然与前代相似（图4-4-16）。另外，明清时期的民间画作也非常流行儿童题材，例如年画。年画由于其特殊的使用场合，更具有浓烈的民俗风情和吉祥寓意，儿童也常和其他物品共同出现，如一白胖小孩怀抱鲤鱼，即"富贵有余"；厅堂内多名儿童嬉戏，即"富贵满堂"（图4-4-17）。这类图案在明清时期已经形成了约定俗成的含义，表达了人们对生活的热爱和美好的向往。

古代儿童虽然穿着打扮的方式丰富多彩，但有些服饰相对来说更为常见。肚兜是流行于古代的儿童内衣，往往呈菱形，上面和两侧角有系带，穿着方法与今天的围裙相似。肚兜的布料仅能遮住身体正面的胸腹部，因此主要是贴身穿着，外穿其他衣物，夏天炎热时也可直接外穿。肚兜正面常常绣有精美的图案、花纹，作为装饰并富有吉祥的含义（图4-4-18）。

围嘴，又称围涎 <mark>涎，读xián，就是口水的意思。</mark>，常为一块圆形布料，中间

图4-4-18 穿肚兜的儿童

图4-4-19 清代圆形绣花围嘴

有孔，围于儿童脖子之上。因为儿童吃饭时容易弄脏衣物，所以常在外衣上围围嘴便于清洗。另外，围涎也有装饰的作用，与妇女常穿着的云肩一样，常常被制作得十分美观，绣有精致的花纹（图4-4-19）。

项圈与长命锁是古代儿童经常随身佩戴的装饰品（图4-4-20）。这两种饰件一般用金银打制，有的将锁挂在项圈上，两者合二为一；

图4-4-20 清代银质项圈和长命锁

有的仅有项圈或仅有锁，两者分开使用，挂在儿童的脖子上。项圈、长命锁在明清时期是一种流行的儿童佩饰，寓意是套住或锁住富贵寿考，祝愿儿童长命百岁。经典的古代小说《红楼梦》中，女主人公薛宝钗就佩戴了一副项圈，并在项圈上錾 錾，读zàn，指在金属器上凿打花纹。 刻"不离不弃，芳龄永继"的吉祥字样。长命锁上也常常刻吉祥的图案和字样，如"长命富贵""福寿绵长"等字样。时至今日，在我国北方地区，仍然有"圆锁"的习俗，即儿童年龄12岁时，由长辈为儿童打开长命锁，寓意儿童由童年步入少年阶段，智力已开。

5. 少数民族穿什么？

《古兰经》记载："你对信女们说，叫她们降低视线，遮蔽下身，莫露出首饰，除非自然露出来的，叫她们用面纱遮住胸膛，莫露出首饰"，因此回族女性都要戴盖头，盖住头发、耳朵、脖颈。这也与伊斯兰教起源于中亚阿拉伯地区有关。妇女在戴盖头前，将头发盘在头顶，戴上帽子。盖头通常有绿、青、白三种颜色，一般少女戴绿色的，已婚妇女戴黑色的，有了孙子的或上了年纪的老年妇女戴白色的。老年人的盖头长至背部，少女的盖头比较短，遮住前颈即可。盖头上有的还绣金边。回族妇女喜欢佩戴耳环，因此从小便在耳垂上穿孔，到了七八岁以后，便开始佩戴各色鲜亮的耳环。传统衣服一般都是大襟，衣服上有鲜艳的绣花图案、滚边等装饰，衣服的扣子在右侧。回族妇女衣服的颜色不喜妖艳，一般老年人多着黑、蓝、灰等几种颜色；中青年喜欢穿鲜亮的，如绿、蓝、红等颜色。回族妇女老少一般都备有节日服装。此外，回族妇女喜欢穿绣花鞋和遛 遛，读liù，遛跟袜是回族流行穿的一种袜子。 跟袜。

回族男子流行戴回回帽，所谓回回帽亦称"礼拜帽"，形制为圆筒形或六棱形，无檐，主要是白色，也有红、绿、蓝色。一般春夏秋季戴白色帽最多,冬季戴灰色或黑色,结婚的新郎多戴红色帽子,以示喜庆。有时还绣有伊斯兰风格的星月图案,或阿拉伯语真言。因为《古兰经》规定,礼拜磕头时,前额和鼻尖必须着地,所以戴无沿帽更加方便,回回帽便成为回族的传统服饰。回族男性有的还戴头巾,名称"戴斯他勒",为波斯语音译。戴头巾的现在多为清真寺的阿訇等神职人员。古代回族戴头巾的要比戴帽的更多,所以回族旧称"缠头回回"。回族男性主要穿白色长袍,阿拉伯语音译"准白",或穿白衬衫,配白色宽裤。在长袍或衬衫外,常常还穿着坎肩,一般为褐色或青灰色,与长袍或衬衫形成鲜明的对比。坎肩有皮、夹、棉等材质,根据气候的不同选择穿着。冬天时,回族男子还流行戴用黑布制作的桃形耳套。除此以外,男子还喜欢穿传统的布鞋(图4-5-1)。

图4-5-1 民族大团结邮票上的回族服装

　　蒙古族女子在重大节日庆典要佩戴姑姑冠。姑姑冠早在元代就已经成型,其形制上文有介绍。蒙古族男子也常佩戴蒙古式礼帽,这种礼帽形制为四面有帽檐的圆形帽,前高后低,中间凹陷,多为黑、灰色,用毡或毛皮制成,有时帽顶还有红缨。

　　蒙古袍是蒙族男女老幼都爱穿的长袍,是在长期的游牧生活中形成的独特衣着装饰。袍的形式都是右侧开襟,嵌排扣,男性袍服多用蓝色、棕色布料,女性袍服多用红、绿色,乳白色被看作圣洁的颜色,多用于节日穿着,蓝色则象征忠诚、坚韧 韧,读rèn,这里指意志坚强。。男子春秋穿夹袍,夏季穿单袍,冬季穿皮袍、棉袍。天气严寒时,妇女多在袍子外面加穿坎肩,男子着马褂。蒙古妇女穿坎肩,一般不扎腰带。坎肩无领无袖,前面无衽,后身较长,正胸横列两排纽扣或缀以带子，四周镶边，对襟上绣着鲜艳花朵，蒙古袍需要用腰带围系。腰带是蒙古族服饰不可缺少的重要组成部分。一般多用棉布、绸缎制成，长三四米不等。色彩多与袍子的颜色相协调。扎腰带既能防风抗寒，骑马持缰时又能保持腰肋骨的稳定垂直，而且还是一种漂亮的装饰。男子扎腰带时，多把袍子向上提，束得很短，骑乘方便，又显得精悍潇洒；女子则相反，扎腰带时要将袍子向下拉展。腰带上还要挂上"三不离身"的蒙古刀、火镰和烟荷包。蒙古刀具有实用功能，在使用肉类食品时可以用来将肉切碎，有的蒙古刀制作十分精致，兼备装饰作用，腰带上还经常佩戴鼻烟壶、藤荷包、铜锁等饰品。蒙古族男子喜爱摔跤，摔跤也有特制的摔跤服，一套包括坎肩、长裤、腰带，坎肩袒露胸腹，长裤十分肥大，可避免汗湿时贴在身上，膝盖部位缝制多种图案，有吉祥如意的寓意，腰带用彩色绸缎缝制而成。

蒙古族人们习惯穿靴。蒙古靴分布靴、皮靴和毡靴三种，根据季节选用。布靴多用厚布或帆布制成，穿起来柔软、轻便。皮靴多用牛皮制成，结实耐用，防水抗寒性能好。其式样大体分靴尖上卷、半卷和平底不卷三种，分别适宜在沙漠、干旱草原和湿润草原上行走。毡靴用羊毛模压而成，作为蒙古民族服装的配套部件之一。靴子种类很多，可根据样式、面料、高矮不同而分为若干类。根据样式可以分成尖头靴、圆靴、小尖头靴等；根据面料可分为皮靴、布靴、毡靴；按勒（勒，读yào，指靴子或袜子的筒。）的高矮可分为高靴、中靴或矮勒靴（图4-5-2）。

图4-5-2 民族大团结邮票上的蒙古族服饰

维吾尔族女性以长发为美，妇女多喜欢留长辫。未婚少女多喜欢梳很多小辫，婚后改梳两条长辫子，但仍留刘海和在两腮处对称向前弯曲的鬈发,也有把双辫盘结成发结的。与回族一样,维吾尔族女性多佩戴耳环,因此在小的时候就穿耳洞。维吾尔族女性身上不仅佩戴耳环,还有许多其他的小饰物,如胸针、手镯、戒指等。维吾尔族妇女衣服式样很多,主要有长外衣、短外衣、坎肩、背心、衬衣、长裤、裙子等。维吾尔族妇女普遍穿色彩艳丽的连衣裙和裤子。裙子大都是筒裙,上身短至胸部,下摆宽大,长及腿肚。连衣裙外面穿外衣或坎肩。裙子里面穿长裤,裤子多用彩色印花布料或彩绸缝制,讲究的用单色布料做裤料,然后在裤角绣上一些花。年轻妇女喜欢穿红、绿、紫等鲜艳的颜色,老年妇女喜欢穿黑、蓝、墨绿等团花、散花绸缎或布料,衣服上缀各式装饰性的扣子,讲究的在衣领、袖口等处绣花。女式短外衣有对襟短上衣、右衽短上衣、半开右衽短上衣三种。

　　维吾尔族的男装一般都比较宽松,主要有长衣、长袍、衬衣、短袄、腰巾等。维吾尔族将外衣统称为袷袢 袷袢,读qiā pàn。,喜用彩色条状绸作面料,老年人则以黑色、深褐色等颜色的布料制作,样式多以长外衣过膝,对襟,袖过手,无领,无纽扣。夏季穿白色布面料缝制成的合领式衣,其领口、前胸、袖口皆续饰花边,再配上青色长裤,着皮靴。这些衣服多用黑、白布料制作,穿时腰间系一长腰巾。腰巾长短不等,长的可达2米多,也有方形腰巾,系时在腰间露出一个角。腰巾多为黑、棕、蓝等深色,节日系的腰巾一般十分鲜艳,常加以绣花,有时还在袷袢外再穿长袍。维吾尔族男子也穿衬衣,衬衣多不开胸,长及膝部、臀部。年轻人及小孩的衬衣多缀花边。神职人员多用长的白布缠头,外衣外边不系腰带,多穿长袍,与一般人有明显的区别。维吾尔

图4-5-3 民族大团结邮票上的维吾尔族服饰

族的裤子过去通常为大裆裤，样式比较简单，分单裤、夹裤、棉裤三种，主要用各种布料做，也有用羊皮、狗皮的。男裤通常比女裤短，主要是青灰色，盖及脚面。讲究的男裤，则在角边继饰花卉纹样，多以植物的茎、蔓〔蔓，读wàn，指植物弯曲的藤条。〕、枝藤组成连续性纹饰，显得雅致美观（图4-5-3）。

朝鲜族服饰崇尚白色，在朝鲜族人民看来，白色象征清洁、朴素、纯净，因此朝鲜族服饰中白色的很多，被称为"白衣民族"。朝鲜服饰又称"赤古里"，是直接模仿古代汉族服饰襦制作的。男女服饰在襟上加一条白色的边，可以拆下。

朝鲜族女子的传统服装是短上衣加长裙。短上衣交襟斜领，不用扣，用长带约束，并在胸前打一个蝴蝶结，衣长只到胸部，衣袖宽大，衣襟右衽长裙则主要是百褶裙，布幅大，且使用鲜艳的布料裁剪而成，因此显得非常宽松且华丽。女子婚前一般都穿着黄襦加红色裙子，婚后则穿绿襦加红色裙子，冬季还加一件坎肩。女子常常戴绣花发带，腰佩荷包（图4-5-4）。

朝鲜族男子一般穿白衫，衣长较短，交襟斜领，同样不用扣，穿时以带系于右襟上方。前襟两侧各一根飘带。外罩坎肩，下穿肥大的裤子。在重要的节日庆典时，朝鲜族男子还穿一种五彩花色的大袍，十分鲜艳夺目。

朝鲜族还穿一种具有民族特色的鞋，即船鞋。船鞋外观像船，尖头向上翘，男鞋多做成黑色，女鞋则有白色、蓝色、绿色。

图4-5-4 民族大团结邮票上的朝鲜族服饰

满族女性仍然流行穿着旗袍，长度过膝，较为紧身，其长度可达脚面。领口、袖头、衣襟都镶有不同颜色的花边。女性多穿着坎肩，年轻女性在坎肩上绣花,缝彩色丝绦,而老年女性多穿青灰布料的面坎肩,用以御寒。每逢重要节日,女性仍然要佩戴传统的旗头。女性多穿着木底绣花鞋,一种是平底,多为中老年妇女穿着,另一种与清代的花盆底高跟鞋基本相似,俗称"寸子"。鞋底两头宽中间细,外涂白漆,节庆时穿着的"寸子"鞋跟甚至可以高达三寸,穿着时称为"踩寸子"。

满族男性过去多穿着旗袍,形制是无领、窄袖、右衽、两面或四面开衩。一般多穿灰色旗袍,家境好些的穿青色或蓝色。旗袍内穿着宽腿套裤。家境较好的男性秋冬穿着马褂。满族男性流行穿一种叫靰鞡的皮靴,底软,连帮而成,或牛皮,或鹿皮,或猪皮,缝纫 纫,读rèn,用针缝。 极密,走荆棘泥淖中,不损不湿,而且耐冻耐穿,男女皆穿。冬季穿时,内填靰鞡 靰鞡,读wù la,东北地区常见的一种草。 草,既轻便又暖和。男性多佩戴"褡裢 褡裢,读dā lian。",即钱袋,中间有口,两边为布兜,长有尺余,系于腰际。褡裢有的用皮制作,有的用绸缎制作,上有裢盖,并绣各式花草等图案(图4-5-5)。

图4-5-5 民族大团结邮票上的满族服饰

藏装的构成分衣领、衣襟、后身、腰带等。衣领有两种,最常见的是交领,即衣领直接连左右襟,衣襟在胸前相交,领子也相交。另一种是直领,即在衣服上垂直安领,从颈后绕到颈前,这在现代比较流行。衣襟的后身下摆不开放,用彩色绸带系扎。藏装分为农区和牧区两大类,农区与牧区藏装的形制非常不同。农区的服装有藏袍、藏衣、衬衫等。藏袍以氆氇 氆氇,读pǔ lu,藏族手工的毛织品。 为主要原料,一般比人的身高要长,把腰部提起,腰间系上腰带(带子颜色以红、蓝为多),既是腰带,又可当作装饰。男女的藏袍都是大襟服装,男式以黑、白氆氇为料，领子、袖口、襟和底边镶上色布绸子，女式藏袍大多以氆氇、毛料、呢子作料，腰间都有红、雪青、绿色等绸缎或平布的腰带。藏袍内穿藏式衬衫。藏式衬衫左肩大，右肩小，右腋下有纽扣或用有色布做成的飘带。男女衬衫也有区别。在颜色上，女的用印花绸布作衬衫，男的用白色绸作料为多。男式衬衫多高领，女式衬衫多翻领。藏族衬衫的特点是袖子要比其他民族服装的袖子长四十公分左右，长出部分平时卷起，跳舞时放下。藏族女式服装比男式服装花色多，女性一般要围一块帮典（围裙）。其织法独特，编织精密，美观大方，色彩鲜明，是藏族妇女喜爱的衣物之一，也是藏族妇女的标志。牧区服装多以皮袍为主，一般是不加面子的板皮。男式的在襟、袖口和底边镶上黑色平绒、灯芯绒或毛呢，镶边宽十至十五公分。女式牧民袍外用红、蓝、绿等颜色做三至十条四公分宽的花纹，袖子也镶上花纹。牧区的皮袍肥大，袍袖宽敞，臂膀伸缩自如，腰间束布腰带。

配合藏装穿戴的有一系列佩饰。藏族女性留长发，并编成许多小辫，然后在辫上套辫套，辫套上串有珊瑚、绿松石、银片等装饰，十分华丽。藏族人民常佩戴珊瑚、玛瑙、绿松石等磨制成的项链和手镯，还有独特的"天珠"。他们认为这些佩饰可以驱邪，并可以获得神灵和祖先的保佑。藏族男女都戴耳环，男子只有左耳戴，女子左右都戴。还有一种独特的项链，项链下缀有一个称为"卡乌"的银质小匣，匣内装有护身符。藏装的腰带上也多镶嵌银片、银环等小饰件，还常常挂有银质的针线盒等（图4-5-6）。

图4-5-6 民族大团结邮票上的藏族服饰

苗族人称自己的服饰为"欧欠"。苗族服饰从总体来看，保留了

织、绣、挑、染的传统工艺技法，往往在运用一种主要的工艺手法的同时，穿插使用其他的工艺手法，或者挑中带绣，或者染中带绣，或者织绣结合，这使得苗族服饰异常丰富多彩。苗服图案多取材自日常生活中的图像，甚至蕴含了一些本族的图腾。苗服男上装一般为左衽上衣和对襟上衣以及左衽长衫三类，以对襟上衣为最普遍。下装一般为裤脚宽盈尺许的大脚长裤。女便装上装一般为右衽上衣和圆领胸前交叉上装两类，下装为各式百褶裤和长裤。在参与重大的节日或庆典时，苗族人民穿着的苗服异常艳丽，一般使用红、黑、白、黄、蓝五种颜色，色调对比强烈，装饰感很强。

苗族女性非常喜欢佩戴各种银饰。银饰的多少和工艺的繁复可以体现家庭的经济实力，传统苗族人民还认为银具有辟邪的作用。在重大节日，例如婚嫁时，苗族女性全身上下的佩饰清一色都是银饰，重的可达 8~10 公斤，其银饰种类繁多，造型奇特，工艺精致，在中国各民族中都很少见（图4-5-7）。

图4-5-7 民族大团结邮票上的苗族服饰

壮族的传统服装名为"黎桶"。壮族妇女的服饰一般是一身蓝黑，裤脚稍宽，头上包着彩色印花或提花毛巾，腰间系着精致的围裙。上衣着藏青或深蓝色短领上衣，分为对襟和偏襟两种，有无领和有领之别，有的在颈口、袖口、襟底均绣有彩色花边。有一暗兜藏于腹前襟内，随襟边缝置数对布结纽扣。在边远山区，壮族妇女还穿着破胸对襟衣，无领，绣五色花纹。下穿宽肥黑裤，腰扎围裙，裤脚膝盖处镶上蓝、红、绿色的丝织和棉织彩色条纹。劳动时穿草鞋，并戴垫肩。壮族妇女普遍喜好戴耳环、手镯和项圈。服装花色和佩戴的小饰物，各地略有不同。上衣大多数地区是短及腰的，少数地区上衣长及膝。壮族男装多为破胸对襟的唐装，以当地土布制作，不穿长裤，上衣短领对襟，缝一排(六至八对)布结纽扣，胸前缝小兜一对，腹部有两个大兜，下摆往里折成宽边，并于下沿左右两侧开对称裂口。穿宽大裤，短及膝下。有的缠绑腿，扎头巾。冬天穿鞋戴帽（或包黑头巾），夏天免冠赤脚。节日或走亲戚穿云头布底鞋或双钩头鸭嘴鞋，劳动时穿草鞋。

壮族女子还喜欢穿绣花鞋。壮族花鞋是壮族的刺绣工艺之一，又称"绣鞋"。鞋头有钩，像龙船。分有后跟和无后跟两种。鞋底较厚，多用砂纸做成。针法有齐针、拖针、混针、盘针、堆绣、压绣等。在色彩上，年轻人喜用亮底起白花，常用石榴红、深红、青黄、绿等艳丽色，纹样有龙凤、双狮滚球、蝶花、雀等；老年人多用黑色、浅红、深红等厚色，纹样有云、龙、天地、狮兽等（图4-5-8）。

图4-5-8 民族大团结邮票上的壮族服饰

参考文献

1. 沈从文、王㐨.中国服饰史[M].西安：陕西师范大学出版社，1992.
2. 华梅.中国服饰[M].北京：五洲传播出版社，2004.
3. 朱和平.中国服饰史稿[M].河南：中州古籍出版社，2001.
4. 陈茂同.中国历代衣冠服饰制[M].天津：百花文艺出版社，2005.
5. 袁英杰.中国历代服饰史[M].北京：高等教育出版社，1994.
6. 戴钦祥、陆钦、李亚麟.中国古代服饰[M].北京：商务印书馆，1998.
7. 高春明.中国古代的平民服装[M].北京：商务印书馆，1997.
8. 黄能馥.中国服饰通史[M].北京：中国纺织出版社，2007.
9. 楼慧珍、吴永、郑彤.中国传统服饰文化[M].上海：东华大学出版社，2003.
10. 臧迎春.中国传统服饰[M].北京：五洲传播出版社，2003.
11. 华梅.服饰与中国文化[M].北京：人民出版社，2001.
12. 王明泽.灿烂文化：中国古代服饰[M].北京：北京科学技术出版社，1995.
13. 戴平.中国民族服饰文化研究[M].上海：上海人民出版社，2000.
14. 孙世圃.中国服饰史教程[M].北京：中国纺织出版社，1999.
15. 张书光.中国历代服装资料[M].安徽：安徽美术出版社，1990.
16. 孙机.汉代物质文化资料图说（增订本）[M].上海：上海古籍出版社，2011.
17. 杨志谦、张臣杰、杭关华、王明时.唐代服饰资料选[M].北京：北京工艺美术研究所，1979.
18. 岳永逸.飘逝的罗衣——正在消失的服饰[M].北京：中国工商联合出版社，2003.